教員採用試験・SPI・就職試験対策用

これならわかる!!
大学生のための数学・理科基礎計算ドリル

樋口 勝一 著

晃 洋 書 房

はじめに

　拙著『大学生のための計算ドリル』を出版してから10年がたちました．発刊当時はドリルといえば小学生のためのものがほとんどで，大人のための計算ドリルというものは見当たらないという状況でした．そのような中で，大学生のために小学算数や中学数学の簡単な内容を復習する本書のようなものが必要なのかという多くの批判をいただきました．その一方で，同書は当初の予定を大幅に上回る売上となり，3度の版を重ねました．また，この10年に同書と同様のレベルの大学生向け・大人向けのドリルが多く出版され，著者が狙った『大学生（大人）向けの算数・数学の復習』，『大学生（大人）向けのドリル』という企画は，当時は異端ではありましたが，今や十分に一般に認知されたものになった感があります．このような事実から大学教員の理解や世論がようやく現実についてきたというのが著者の感想です．それは，同書の2年後に発刊したエクセル学習の前に小学算数「割合」の復習ドリルを取り入れた拙著『繰り返して慣れる！　Office演習ドリル514題』という大学生向けのパソコンテキストが，改訂版を含め6度の版を重ねて約2万部の売上を記録したことからも実証されています．

　そして，『大学生のための……』は書籍としての一定の役割を果たし，数年前に廃版となりました．

　しかしながら，その後も「数学の苦手な大学生向けのドリルがあれば」という要望が寄せられ，また，著者自身も授業用に同様のテキストの必要性を感じ，本書を出版することになりました．

　近年，文科系大学生の教員，特に小学校教員志望者の割合が増加しています．そのうちの学生から，数学や物理・化学が苦手であるという声をよく耳にします．ある大手教員採用予備校の教材担当者が「教員採用試験は文科系学生が多く受験するので，合否の分かれ目は数学や物理にある．それをわかりやすく学べる教材があればいいのであるが」と著者に教えてくれました．SPIなど就職試験や公務員試験の中での数学・物理分野の出題率が依然高いことも事実です．このようなことを意識しながら，本書は作成されました．そのため，数学や物理が苦手であったという文科系大学生にとってちょうどよいレベルとなっています．そして，今注目されている初年次教育やリメディアル教育のテキスト

して使っていただけるのではないかと考えています.

　本書では，教員採用試験を強く意識したため，前著にはなかった教員採用試験頻出の「図形」，「レンズ」，「統計」の分野も含まれています.

　大学生の皆さんにとっての本書の位置づけは，教員採用試験やSPIなどの就職試験，公務員試験の過去問や参考書を学習する前の「準備学習本」であります．したがって，本書を学習したからといって，即，採用試験などに合格する実力がつくわけではありません．しかし，基礎が分かっていない人がいきなり過去問を学習し，その解説を読んだとしても，公式の意味すら分からず，ヤル気や自信を失ってしまうことが十分予想できます．本書はスポーツでいう基礎体力や基本技術にあたるものと思っています.

　本書を学習することで，「わかった！」，「やる気が出た！」，そして，教員採用試験に「合格した！！」という人が多く出てくることを期待しています.

　最後に，出版にあたって，晃洋書房の皆様に多大なご協力をいただいたことに感謝いたします.

　　　平成24年6月24日

　　　　　　　　　　　　　　　　　　　　　　　　　　　樋　口　勝　一

目 次

はじめに

第 1 章　小学校算数レベル

四捨五入・切り上げ・切り捨て	2
最大公約数・最小公倍数①	3
割合・百分率（％）・歩合	4
割引・割増	6
構成比率	7
増加率・前期比	8
その他の比率	9
割合一行問題①	10
割合一行問題②	11
人口密度	12
比	13
連比・比例配分	14
食塩水	15
数列	16
等差数列	17
等比数列	18
速さ	19
速さの換算	20
平面図形の面積	21
空間図形の体積	22
単位	23
量と単位	24

第2章　中学・高校数学レベル

文字式の変形	25
一次方程式	26
一次不等式	27
連立方程式①	28
連立方程式②	29
三元連立一次方程式	30
一次関数①	31
一次関数②	32
乗法公式①	33
乗法公式②	34
因数分解①	35
因数分解②	36
平方根①	37
平方根②	38
平方根③	39
二次方程式①	40
二次方程式②	41
二次方程式の解の判別式	42
二次関数①	43
二次関数②	44
二次関数③	45
二次関数の最大・最小	46
2直線の平行・垂直	47
放物線と直線の交点	48
指数	49

第3章　応用レベル

表計算	50
樹形図	51
集合	52

順　　　列	53
組　合　せ	54
色　ぬ　り	55
確　　　率	56
割合一行問題 ③	58
割合一行問題 ④	59
余り・不足	60
倍　　　数	61
規　則　性	62
曜　　　日	63
N 進 法 ①	64
N 進 法 ②	65
歯車・ベルト	66
魔　方　陣	67
つるかめ算	68
和差算・分配算	69
比例配分の応用	70
相 当 算 ①	71
相 当 算 ②	72
差 集 め 算	73
流　水　算	74
旅　人　算	75
通 過 算 ①	76
通 過 算 ②	77
時 計 算 ①	78
時 計 算 ②	79
速 さ と 比	80
平均（面積図）	81
仕　事　算	82
食塩水の混合	83
最 短 経 路	84
最大公約数・最小公倍数 ②	85
記号による演算	86

分数の性質 …………………………………………………………… 87
虫食い算 ……………………………………………………………… 88

第4章 図　　形

正N角形 ……………………………………………………………… 89
内分点・外分点 ……………………………………………………… 90
縮　尺 ………………………………………………………………… 91
三平方の定理 ………………………………………………………… 92
相　似① ……………………………………………………………… 93
相　似② ……………………………………………………………… 94
三角形の底辺分割 …………………………………………………… 95
三角形の斜めの高さ ………………………………………………… 96
角　度① ……………………………………………………………… 97
角　度② ……………………………………………………………… 98
円周角 ………………………………………………………………… 99
円に内接する四角形 ………………………………………………… 100
接弦定理 ……………………………………………………………… 101
平行線① ……………………………………………………………… 102
平行線② ……………………………………………………………… 103
面積応用 ……………………………………………………………… 104
表面積① ……………………………………………………………… 106
表面積② ……………………………………………………………… 107
回転体の体積 ………………………………………………………… 108
三角比 ………………………………………………………………… 109
正弦定理 ……………………………………………………………… 110
余弦定理 ……………………………………………………………… 111
最短距離 ……………………………………………………………… 112

第5章 統　　計

クロス集計表 ………………………………………………………… 114
散布図の読み方 ……………………………………………………… 115

割 合 の 表	118
増 加 率 の 表	121
指 数 の 表	124
推 定 問 題	128

第6章　理科計算問題①〜物理

ば　　ね	130
滑　　車	131
て　　こ	133
輪　　軸	134
運　　動①	135
運　　動②	136
運動方程式	137
仕事とエネルギー	138
熱　　量	140
比　　熱	141
電 気 回 路 ①〜抵抗	142
電 気 回 路 ②〜オームの法則	143
電 気 回 路 ③〜抵抗の合成	144
電 気 回 路 ④〜回路を解く	146
電 気 回 路 ⑤〜消費電力・消費電力量・発熱量	148
レ ン ズ	149

第7章　理科計算問題②〜化学

溶 解 度	152
密　　度	154
化学反応式	155
化学変化と物質の量	156
酸・アルカリ	157
中　　和	158
原 子 核	160

第8章　実践問題演習

教 員 採 用 ①	162
教 員 採 用 ②	163
教 員 採 用 ③	164
教 員 採 用 ④	165
教 員 採 用 ⑤	166
教 員 採 用 ⑥	167
教 員 採 用 ⑦	168
教 員 採 用 ⑧	169
教 員 採 用 ⑨	170
教 員 採 用 ⑩	171
教 員 採 用 ⑪	172
公 務 員 ①	173
公 務 員 ②	174
公 務 員 ③	175
Ｓ Ｐ Ｉ ①	176
Ｓ Ｐ Ｉ ②	177
Ｓ Ｐ Ｉ ③	178
あ と が き	179

これならわかる!!
大学生のための
数学・理科基礎計算ドリル

第1章 小学校算数レベル

四捨五入・切り上げ・切り捨て

【例題1】次の問いに答えなさい.

(1) 1.69 を四捨五入・切り上げ・切り捨てをして小数第1位までの数で表しなさい.

(2) ある数 x を四捨五入して小数第2位までの数で表すと 3.14 になった. ある数の範囲を不等式で表しなさい.

(解説)

◎ポイント～四捨五入・切り上げ・切り捨てをするべき位

例えば、「四捨五入して、小数第1位までの数で表しなさい」と書いてあると、それは、「その1つ下の位を四捨五入しなさい」という意味である. その結果、1つ下の位の数がなくなり、指示の通りとなる.

(1) 四捨五入…1.7, 切り上げ…1.7, 切り捨て…1.6

(2) 題意より、小数第3位を四捨五入したことによって、3.14 になった. 小数第2位が四捨五入によって「4」に切り上がるためには 3.135 以上である必要がある. また、切り下がるためには 3.14499999… 以下である必要がある. これでは「…」の部分が不等号で書きようがないので、3.145 未満と同じ意味であることと理解する.

よって、$3.135 \leq x < 3.145$ となる.

【練習1】次の問いに答えなさい.

(1) 3.1396 を四捨五入・切り上げ・切り捨てをして小数第3位までの数で表しなさい.

(2) ある数 x を①四捨五入②切り上げ③切り捨てをして小数第1位までの数で表すと 2.5 になった. ある数の範囲を不等式で表しなさい.

(答え)

(1) 順に, 3.140, 3.140, 3.139

(2) ① $2.45 \leq x < 2.55$ ② $2.4 < x \leq 2.5$ ③ $2.5 \leq x < 2.6$

最大公約数・最小公倍数①

【例題２】 最大公約数と最小公倍数をもとめなさい．

(1) (12, 18)　　　　　　(2) (12, 18, 20)

（解説）

◎ポイント〜すだれ算を使う

3つ以上の場合，

　　　最大公約数→すべての数で割り切れるもののみ

　　　最小公倍数→2つで割り切れれば進める

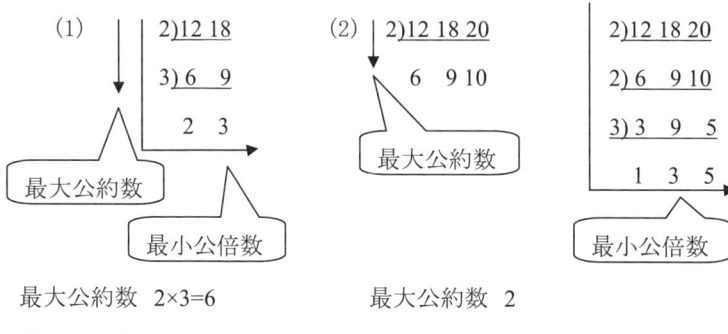

最大公約数　2×3=6　　　　最大公約数　2

最小公倍数　2×3×2×3=36　　最小公倍数　2×2×3×1×3×5=180

【練習２】 最大公約数と最小公倍数をもとめなさい．

(1) (24, 54)　　　　　　(2) (16, 24, 36)

（答え）

(1) 順に　6, 216　(2) 順に　4, 144

割合・百分率（％）・歩合

【例題3】 次の表の空欄をうめなさい．

	割合	％	歩合
(1)	0.123		
(2)	1.3		
(3)		12%	
(4)		0.32%	
(5)			2割3分5厘
(6)			12割

（解説）

◎ポイント～割合の変換

①割合と％

$$\text{割合（～倍）} \xrightleftharpoons[\div 100]{\times 100} \%$$

②割合と歩合

$$0.1(倍) = 1\,割,\ 0.01(倍) = 1\,分,\ 0.001(倍) = 1\,厘,\ 0.0001 = 1\,毛$$

(1) 12.3，1割2分3厘　(2) 130%，13割　(3) 0.12，1割2分　(4) 0.0032，3厘2毛
(5) 0.235，23.5%　(6) 1.2，120%

【練習3】次の表の空欄をうめなさい．

	割合	％	歩合
(1)	0.245		
(2)	2.32		
(3)		34%	
(4)		1.12%	
(5)			5割1分2厘
(6)			15割

（答え）

(1) 24.5%, 2割4分5厘 (2) 232%, 23割2分 (3) 0.34, 3割4分
(4) 0.0112, 1分1厘2毛 (5) 0.512, 51.2% (6) 1.5, 150%

割引・割増

【例題4】次の問いに答えなさい（□にあてはまる数を答えなさい）．

(1) 200円の20％引，1割5分引をもとめなさい．

(2) 6000円の12％増，2割4分増をもとめなさい．

(3) □円の3割引は560円である．

(4) □円の13％増は4746円である．

（解説）

◎ポイント～微分とは

> 割引… 基準になる量 × （1 − 割引分の割合）
>
> 割増… 基準になる量 × （1 + 割増分の割合）
>
> ※計算の中では割引・割増とも必ず割合になおす

(1) $200 \times (1-0.2) = 160$（円）…20％引

$200 \times (1-0.15) = 170$（円）…1割5分引

(2) $6000 \times (1+0.12) = 6720$（円）…12％増

$6000 \times (1+0.24) = 7440$（円）…2割4分増

(3) $□ \times (1-0.3) = 560$．$□ = 560 \div 0.7 = 800$．

(4) $□ \times (1+0.13) = 4746$．$□ = 4746 \div 1.13 = 4200$．

【練習4】次の問いに答えなさい（□にあてはまる数を答えなさい）．

(1) 4000円の25％引，1割2分引をもとめなさい．

(2) 800円の20％増，5分増をもとめなさい．

(3) □円の2割引は3200円である．

(4) □円の25％増は4500円である．

（答え）

(1) 3000, 3520　(2) 960, 840　(3) 4000　(4) 3600

構成比率

【例題5】次の表の空欄をうめなさい．

支店	売上金額(万円)	構成比率(%)
東京	2500	
名古屋	1100	
大阪	1400	
合計		

（解説）

◎ポイント〜構成比率

構成比率(%)＝注目している量 ÷ 全体 × 100%

売上金額合計 5000．

構成比率，上から，

$2500 \div 5000 \times 100 = 50$，$1100 \div 5000 \times 100 = 22$，$1400 \div 5000 \times 100 = 28$，

$50 + 22 + 28 = 100$．

【練習5】次の表の空欄をうめなさい．

支店	売上金額(万円)	構成比率(%)
京都	1800	
大阪	5700	
神戸	2000	
奈良	500	
合計		

（答え）

売上金額合計 10000

構成比率，上から 18, 57, 20, 5, 100

増加率・前期比

【例題6】 次の表の空欄をうめなさい．

売上金額(万円)	6月	7月	前月比(%)	増加率(%)
ケーキ	160	180		
菓子	240	210		
合計				

（解説）

◎ポイント～前期比・増加率

前期比(%) ＝ 今期の量 ÷ 前期の量 ×100%

増加率(%) ＝ 増加量 ÷ はじめの量 ×100%

6月合計 400，7月合計 390

前月比 順に，$180 \div 160 \times 100 = 112.5$，$210 \div 240 \times 100 = 87.5$，$390 \div 400 \times 100 = 97.5$．

増加率 順に，$20 \div 160 \times 100 = 12.5$，$-30 \div 240 \times 100 = -12.5$，$-10 \div 400 \times 100 = -2.5$．

【練習6】 次の表の空欄をうめなさい．

売上金額(万円)	H21	H22	前年比(%)	増加率(%)
鉛筆	150	165		
消しゴム	50	41		
合計				

（答え）

合計 200, 206，前年比 110, 82, 103，増加率 10, －18, 3

その他の比率

【例題7】次の問いに答えなさい.

(1) 会社の今年度売上目標は, 2000万円で, 実際の売上は1700万円である. 売上目標達成率(%)をもとめなさい.

(2) 250円で仕入れた商品に300円定価をつけた. 利益率(%)をもとめなさい.

（解説）

◎ポイント～□率

```
達成率(%) ＝ 実績量 ÷ 目標量 ×100%
利益率(%) ＝ 利益  ÷ 原価   ×100%
□率(%)   ＝ □   ÷ 基準量 ×100%
```

(1) $1700 \div 2000 \times 100 = 85\,(\%)$.

(2) $(300 - 250) \div 250 \times 100 = 20\,(\%)$.

【練習7】次の問いに答えなさい（□にあてはまる数を答えなさい）.

(1) 会社の今年度売上目標は, 1600万円で, 実際の売上は2000万円である. 売上目標達成率(%)をもとめなさい.

(2) 400円で仕入れた商品に450円定価をつけた. 利益率(%)をもとめなさい.

(3) 40人クラスで, 今日は3人が欠席していた. 欠席率(%)をもとめなさい.

(ヒント) 欠席率(%)＝欠席者数 ÷ 全員 ×100%

（答え）

(1) 125% (2) 12.5% (3) 7.5%

割合一行問題①

【例題8】次の□にあてはまる数をもとめなさい．

(1) □人の $\frac{3}{4}$ は 15 人である．　　(4) 350 円は□円の $\frac{7}{10}$ である．

(2) □kg の 0.32 は 16kg である．　　(5) 250g は□g の 0.2 である．

(3) □円の 40％が 7200 円である．　　(6) 1260ℓ は□ℓ の 1 割 5 分である．

（解説）一次方程式を使うので P.26 を学習してからでもよい．

◎ポイント〜□をもとめる問題

□＝x とおいて，方程式で解く

(1) $x \times \frac{3}{4} = 15.$　$x = 15 \times \frac{4}{3} = 20.$

(2) $x \times 0.32 = 16.$　$16 \div 0.32 = 50.$

(3) $x \times 0.4 = 7200.$　$7200 \div 0.4 = 18000.$

(4) $350 = x \times \frac{7}{10}.$　$350 \times \frac{10}{7} = 500.$

(5) $250 = x \times 0.2.$　$250 \div 0.2 = 1250.$

(6) $1260 = x \times 0.15.$　$1260 \div 0.15 = 8400.$

【練習8】次の□にあてはまる数をもとめなさい．

(1) □ℓ の $\frac{7}{30}$ は 210ℓ である．　　(4) 1260g は□g の $\frac{3}{8}$ である．

(2) □円の 0.8 は 320 円である．　　(5) 4350m は□m の 0.29 である．

(3) □円の 6 割 5 分は 2600 円である．　(6) 540kg は□kg の 18％である．

（答え）

(1) 900　(2) 400　(3) 4000　(4) 3360　(5) 15000　(6) 3000

割合一行問題②

【例題9】次の□にあてはまる数をもとめなさい.

(1) □kg の 26%引きは 3330 kg である.

(2) 7200 円の□(歩合)引きは 6480 円である.

(3) □円の 3 割 2 分増しは 11220 円である.

(4) 5000 円の□%増しは 6000 円である.

(解説) 一次方程式を使うので P.26 を学習してからでもよい.

◎ポイント～割引・割増の問題

> 割合で考える

(1) $x \times (1-0.26) = 3330.\ x = 3330 \div 0.74 = 4500.$

(2) $7200 \times x = 6480.\ x = 0.9.\ \rightarrow 1$ 割引き.

(3) $x \times (1+0.32) = 11220.\ 11220 \div 1.32 = 8500.$

(4) $5000 \times x = 6000.\ 6000 \div 5000 = 1.2.\ \rightarrow 20\%$ 増し.

【練習9】次の□にあてはまる数をもとめなさい.

(1) □円の 3 割 5 分引きは 4420 円である.

(2) 900 円の□%引きは 765 円である.

(3) □m の 5%増しは 7875m である.

(4) 5400 円の□(歩合)増しは 6642 円である.

(答え)

(1) 6800　(2) 15　(3) 7500　(4) 2 割 3 分

人口密度

【例題10】次の問いに答えなさい．
(1) A市の人口は36万人，面積は2000km^2である．人口密度をもとめなさい．
(2) B市の人口は15万人，人口密度は100人/km^2である．面積をもとめなさい．
(3) C市の人口密度は530人/km^2，面積は1500km^2である．人口をもとめなさい．

（解説）

◎ポイント～人口密度～1km^2あたりの人口

$$\text{人口密度}(人/km^2)＝人口÷面積$$

(1) $360000÷2000＝180(人/km^2)$．

(2) $150000÷100＝1500(km^2)$．

(3) $530×1500＝795000(人)$．

【練習10】次の問いに答えなさい．
(1) A市の人口は27万人，面積は900km^2である．人口密度をもとめなさい．
(2) B市の人口は55万人，人口密度は200人/km^2である．面積をもとめなさい．
(3) C市の人口密度は230人/km^2，面積は4500km^2である．人口をもとめなさい．

（答え）

(1) 300(人/km^2)　(2) 2750(km^2)　(3) 1035000(人)

比

【例題11】次の問いに答えなさい.

(1) 比を簡単にしなさい.

① $0.2:0.35$　② $\dfrac{2}{3}:\dfrac{3}{4}$

(2) □にあてはまる数をもとめなさい.

$$3:5=\square:8$$

(解説)

◎ポイント～比

内項の積　＝　外項の積

(1) ①両方を100倍し，最大公約数の5で割る. $20:35=4:7$.

②両方を12倍する. $8:9$.

(2) $\square=x$ とおく. $3:5=x:8$. ポイントより, $5x=24, x=\dfrac{24}{5}$.

【練習11】次の問いに答えなさい.

(1) 比を簡単にしなさい.

① $5.4:7.2$　② $1.2:0.36$　③ $1.35:0.4$　④ $\dfrac{3}{4}:\dfrac{5}{6}$　⑤ $\dfrac{1}{2}:\dfrac{2}{3}:\dfrac{1}{4}$

(2) □にあてはまる数をもとめなさい.

① $\square:9=4:12$　② $1.4:1.2=5.6:\square$　③ $\dfrac{7}{8}:\dfrac{3}{4}=\dfrac{3}{4}:\square$　④ $\dfrac{3}{4}:\dfrac{1}{5}=\square:\dfrac{5}{12}$

(答え)

(1)① $3:4$　② $10:3$　③ $27:8$　④ $9:10$　⑤ $6:8:3$　(2)① 3　② 4.8　③ $\dfrac{9}{14}$　④ $\dfrac{25}{16}$

連比・比例配分

【例題12】次の問いに答えなさい．

(1) 連比をもとめなさい．$\begin{cases} A:B = \dfrac{2}{3}:\dfrac{3}{4} \\ B:C = \dfrac{1}{5}:\dfrac{1}{6} \end{cases}$

(2) 1200円を$1:2:3$に分けなさい．

（解説）

◎ポイント〜比例配分

ある量を$a:b:c\cdots$に分けるには，$\times \dfrac{a}{a+b+c}$ ← a または $b,c,\cdots$

(1) 比を簡単にする．$A:B = 8:9$, $B:C = 6:5$．

そろったところの最小公倍数を下に書く．

$$
\begin{array}{ccccc}
A & : & B & : & C \\
8^{\times 2} & : & 9^{\times 2} & & \\
& & 6^{\times 3} & : & 5^{\times 3} \\
\hline
16 & : & 18 & : & 15
\end{array}
$$

(2) ポイント通り，$1200 \times \dfrac{1}{1+2+3} = 200$，$1200 \times \dfrac{2}{1+2+3} = 400$，$1200 \times \dfrac{3}{1+2+3} = 600$．

【練習12】次の問いに答えなさい．

(1) 連比をもとめなさい．

① $\begin{cases} A:B = \dfrac{1}{3}:\dfrac{1}{2} \\ B:C = \dfrac{1}{5}:\dfrac{1}{8} \end{cases}$ ② $\begin{cases} A:B = 1.5:0.8 \\ A:C = 4:3 \end{cases}$ ③ $\begin{cases} A:B = \dfrac{8}{7}:\dfrac{4}{5} \\ B:C = 0.84:1.4 \end{cases}$

(2) 4000円を$2:3:5$に分けなさい．

（答え）

(1) ①16:24:15　②60:32:45　③30:21:35　(2) 800, 1200, 2000

食塩水

【例題13】次の問いに答えなさい．

(1) 水 80g に食塩を 20g 混ぜた．できた食塩水の濃度(%)をもとめなさい．

(2) 5%の食塩水 120g には何 g の食塩が含まれているか．

(3) 6%の食塩水 200g には何 g の水が含まれているか．

(解説)

◎ポイント〜食塩水

$$濃度(\%) = \frac{食塩}{食塩水} \times 100$$

$$食塩 = 食塩水 \times \frac{濃度\%}{100}$$

(食塩水＝食塩＋水)

(1) $\dfrac{20}{20+80} \times 100 = 20(\%)$．

(2) $120 \times \dfrac{5}{100} = 6(g)$．

(3) 水の割合は，$100 - 6 = 94(\%)$．

$200 \times \dfrac{94}{100} = 188(g)$．

【練習13】次の問いに答えなさい．

(1) 水 105g に食塩を 15g 混ぜた．できた食塩水の濃度(%)をもとめなさい．

(2) 12%の食塩水 150g には何 g の食塩が含まれているか．

(3) 8%の食塩水 250g には何 g の水が含まれているか．

(答え)

(1) 12.5 (2) 18 (3) 230

数列

【例題14】次の□にあてはまる数を答えなさい．

(1) 1, 5, 9, 13, □, 21, …

(2) 3, 6, 12, □, 48, …

(3) 2, 3, 5, 8, □, 17, …

(4) $\frac{1}{3}, \frac{4}{5}, \frac{7}{7}, \square, \frac{13}{11}, \cdots$

(5) 1, 1, 2, 3, 5, □, 13, …

(6) 3, 5, 1, 3, 5, 1, 3, □, …

（解説）

◎ポイント〜数列

発見方法　①差をとってみる（等差数列）
　　　　　②何倍かを考える（等比数列）

(1) 4 ずつ増えている（等差数列）．□=17．

(2) 2 倍になっている（等比数列）．□=24．

(3) +1, +2, +3, …．□=12．

(4) 分子と分母を別々で考える．□=$\frac{10}{9}$．

(5) 前の 2 項を加える（フィボナッチ数列）．□=8．

(6) 3, 5, 1 の繰り返し．□=5．

【練習14】次の□にあてはまる数を答えなさい．

(1) 2, 5, 8, 11, □, 17, …

(2) 1, 3, 9, □, 81, …

(3) 1, 3, 6, 10, □, 21, …

(4) $\frac{1}{2}, \frac{3}{6}, \frac{5}{10}, \square, \frac{9}{18}, \cdots$

(5) 1, 2, 3, 5, 8, □, 21, …

(6) 4, 3, 1, 3, 4, 3, 1, □, …

（答え）

(1) 14　(2) 27　(3) 15　(4) $\frac{7}{14}$　(5) 13　(6) 3

等差数列

【例題15】次の数列の一般項と第20項, そして, 初項から第10項までの和をもとめなさい.

(1) 2, 5, 8, 11,...　　　　　(2) 10, 8, 6, 4,...

(解説)

◎ポイント～等差数列

① 一般項(n 番目の項)　　$a_n = a + d(n-1)$

② 初項から第 n 項までの和　　$S_n = \dfrac{1}{2}n(a+l) = \dfrac{1}{2}n\{2a + d(n-1)\}$

※ただし, a:初項, d:公差, l:末項

(1) $a_n = 2 + 3(n-1) = 3n - 1$. $a_{20} = 3 \cdot 20 - 1 = 59$.

$S_n = \dfrac{1}{2} \cdot n\{2 \cdot 2 + 3(n-1)\} = \dfrac{1}{2}n(3n+1)$. $S_n = \dfrac{1}{2} \cdot 10(3 \cdot 10 + 1) = 155$.

(2) (1) と同様に, $a_n = -2n + 12$. $a_{20} = -28$. $S_n = -n^2 + 11n$, $S_{10} = 10$.

【練習15】次の数列の一般項と第10項, そして, 初項から第20項までの和をもとめなさい.

(1) 1, 3, 5, 7,...　　　　　(3) −3, 0, 3, 6,...

(2) 2, 6, 10, 14,...　　　　(4) −5, −7, −9, −11,...

(答え)

(1) $a_n = 2n - 1$, $a_{10} = 19$, $S_{20} = 400$　　(2) $a_n = 4n - 2$, $a_{10} = 38$, $S_{20} = 800$

(3) $a_n = 3n - 6$, $a_{10} = 24$, $S_{20} = 510$　　(4) $a_n = -2n - 3$, $a_{10} = -23$, $S_{20} = -480$

等比数列

【例題16】 次の数列の一般項と第5項,そして,初項から第3項までの和を公式を利用してもとめなさい．

(1) 1, 2, 4, 8,…　　　　　　　(2) 48, 24, 12, 6,…

（解説）

◎ポイント〜等比数列

① 一般項(n番目の項)　　　$a_n = ar^{n-1}$

② 初項から第n項までの和　　$S_n = \dfrac{a(r^n - 1)}{r - 1} = \dfrac{a(1 - r^n)}{1 - r}$

※ただし，a:初項，r:公比

(1) $a_n = 1 \cdot 2^{n-1} = 2^{n-1}$．$a_5 = 2^{5-1} = 16$．

$S_n = \dfrac{1(2^n - 1)}{2 - 1} = 2^n - 1$．$S_3 = 2^3 - 1 = 7$．

(2) (1)と同様に，$a_n = 48\left(\dfrac{1}{2}\right)^{n-1}$．$a_5 = 3$．$S_3 = \dfrac{48\left\{1 - \left(\dfrac{1}{2}\right)^3\right\}}{1 - \dfrac{1}{2}} = 84$．

【練習16】 次の数列の一般項と第4項,そして,初項から第4項までの和を公式を利用してもとめなさい．

(1) 2, 6, 18,…　　　　　　　(3) 54, 18, 6,…

(2) 1, -2, 4,…　　　　　　(4) 6, -3, $\dfrac{3}{2}$,…

（答え）

(1) $a_n = 2 \cdot 3^{n-1}$, $a_4 = 54$, $S_4 = 80$　(2) $a_n = (-2)^{n-1}$, $a_4 = -8$, $S_4 = -5$

(3) $a_n = 54\left(\dfrac{1}{3}\right)^{n-1}$, $a_4 = 2$, $S_4 = 80$　(4) $a_n = 6\left(-\dfrac{1}{2}\right)^{n-1}$, $a_4 = -\dfrac{3}{4}$, $S_4 = \dfrac{15}{4}$

速さ

【例題17】次の問いに答えなさい．

(1) 5秒で100m進む自転車の秒速をもとめなさい．

(2) 200mを分速40mで歩くのにかかる時間(分)をもとめなさい．

(3) 時速40kmで2時間走ったときに進む距離(km)をもとめなさい．

（解説）

◎ポイント〜速さの3公式

速さ＝距離÷時間

時間＝距離÷速さ

距離＝速さ×時間

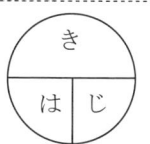

(1) $100 \div 5 = 20\,(m/秒)$．

(2) $200 \div 40 = 5\,(分)$．

(3) $40 \times 2 = 80\,(km)$．

【練習17】次の問いに答えなさい．

(1) 5分で900m進む自転車の分速をもとめなさい．

(2) 3時間で90km進むバスの時速をもとめなさい．

(3) 100mを秒速4mで歩くのにかかる時間(秒)をもとめなさい．

(4) 10kmを時速4kmで歩くのにかかる時間(時間)をもとめなさい．

(5) 秒速5mで30秒走ったときに進む距離(m)をもとめなさい．

(6) 分速40mで20分走ったときに進む距離(m)をもとめなさい．

（答え）

(1) 分速180m　(2) 時速30km　(3) 25秒　(4) 2.5時間　(5) 150m　(6) 800m

速さの換算

【例題18】次の表の空欄をうめなさい．

秒速(m/秒)	分速(m/分)	時速(km/時)
10		
	120	
		72

（解説）

◎ポイント〜速さの換算

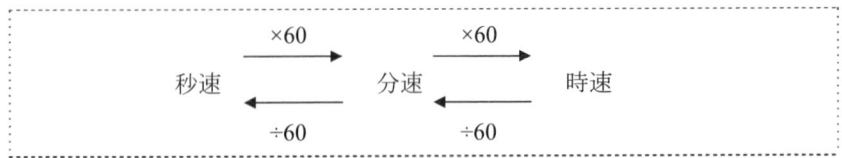

公式通り．

	600	36
2		7.2
20	1200	

【練習18】次の表の空欄をうめなさい．

秒速(m/秒)	分速(m/分)	時速(km/時)
15		
	240	
		90

（答え）

	900	54
4		14.4
25	1500	

平面図形の面積

◎ポイント〜平面図形の面積

三角形＝底辺×高さ×$\frac{1}{2}$　　　台形＝(上底＋下底)×高さ×$\frac{1}{2}$

平行四辺形＝底辺×高さ

ひし形・たこ形・正方形(対角線が垂直)＝対角線×対角線×$\frac{1}{2}$

円＝πr^2　　　　　　　　　　　扇形＝$\pi r^2 \times \dfrac{中心角}{360°}$

cf. 円周＝$2\pi r$　　　　　　　　　扇形の弧の長さ＝$2\pi r \times \dfrac{中心角}{360°}$

【練習19】次の平面図形の面積((5), (6)はそれぞれ円周と弧の長さも)をもとめなさい．

(1) 底辺 3, 高さ 5 の三角形

(2) 底辺 2, 高さ 3 の平行四辺形

(3) 上底 2, 下底 6, 高さ 3 の台形

(4) 対角線の長さが 5, 6 のたこ形

(5) 半径 3 の円の面積と円周

(6) 半径 6, 中心角 90 度の扇形の面積と弧の長さ

（答え）

(1) 7.5　(2) 6　(3) 12　(4) 15　(5) $9\pi, 6\pi$　(6) $9\pi, 3\pi$

空間図形の体積

◎ポイント〜空間図形の体積

立方体　　　　＝一辺×一辺×一辺

直方体　　　　＝縦×横×高さ

柱(角柱, 円柱)＝底面積×高さ

錐(角錐, 円錐)＝底面積×高さ×$\frac{1}{3}$

球　　　　　　＝$\frac{4}{3}\pi r^3$　　cf. 球の表面積＝$4\pi r^2$

【練習 20】次の空間図形の体積((7)は表面積も)をもとめなさい.

(1) 一辺が 3 の立方体

(2) 縦, 横, 高さがそれぞれ 3, 4, 5 の直方体

(3) 底面積 5, 高さ 3 の三角柱

(4) 底面の半径が 5, 高さ 3 の円柱

(5) 底面積 9, 高さ 10 の四角錐

(6) 底面の半径が 4, 高さ 6 の円錐

(7) 半径 3 の球の体積と表面積

(答え)

(1) 27　(2) 60　(3) 15　(4) 75π　(5) 30　(6) 32π　(7) $36\pi, 36\pi$

単位

◎ポイント〜単位

①長さ・面積・体積

長さ	面積	体積
$1m = 100\,cm$	$1m^2 = 10000\,cm^2$	$1m^3 = 1000000\,cm^3$
$1km = 1000\,m$	$1km^2 = 1000000\,m^2$	

②キロ[k]・ミリ[m]シリーズ

$1km = 1000\,m$	$1m = 1000\,mm$
$1kg = 1000\,g$	$1g = 1000\,mg$
$1k\ell = 1000\,\ell$	$1\ell = 1000\,m\ell$

③面積

$1a = 100\,m^2$, $1ha = 100\,a$, $1km^2 = 100\,ha$

④覚えておこう

$1\ell = 10\,d\ell$, $1k\ell = 1\,m^3$, $1\ell = 1000\,cm^3$, $1t = 1000\,kg$, $1cm^3 = 1\,m\ell = 1\,cc$

【練習21】次の□にあてはまる数をもとめなさい．

(1) $10\,m^2 = \square\,cm^2 = \square\,km^2$

(2) $20\,g = \square\,kg = \square\,mg$

(3) $2.5\,ha = \square\,a = \square\,km^2$

(4) $4\,\ell = \square\,d\ell = \square\,k\ell$

(5) $10\,m^2 = \square\,a$

(6) $5.3\,cm^2 = \square\,m^2$

(7) $20\,cm^2 = \square\,m^2 = \square\,km^2$

(8) $0.3\,kg = \square\,g = \square\,mg$

(9) $5\,a = \square\,ha = \square\,km^2$

(10) $12\,d\ell = \square\,\ell = \square\,k\ell$

(11) $10\,m^2 = \square\,ha$

(12) $5.3\,m^2 = \square\,cm^2$

（答え）

(1) 100000, 0.00001 (2) 0.02, 20000 (3) 250, 0.025 (4) 40, 0.004

(5) 0.1 (6) 0.00053 (7) 0.002, 0.000000002 (8) 300, 300000 (9) 0.05, 0.0005

(10) 1.2, 0.0012 (11) 0.001 (12) 53000

量と単位

【例題22】次の問いに答えなさい．

(1) 1ℓ が 0.85kg であるゴマ油 4ℓ は何 kg か．

(2) 300g で 2850 円の牛肉 500g はいくらか．

（解説）

◎ポイント〜量と単位

比を使って考える（外項の積＝内項の積）

(1) $1 : 0.85 = 4 : x$. $1 \times x = 0.85 \times 4$. $x = 3.4$.

(2) $300 : 2850 = 500 : x$. $300 \times x = 2850 \times 500$. $x = 4750$.

【練習22】次の問いに答えなさい．

(1) 1ℓ が 1.2kg である食塩水 3ℓ は何 kg か．

(2) 400g で 1640 円の牛肉 700g はいくらか．

(3) 16ha につき 12t の大豆が採れる畑 3ha では何 t の大豆が採れるか．

(4) 6m で 180 円の針金 500m はいくらか．

（答え）

(1) 3.6　(2) 2870　(3) 2.25　(4) 15000

第2章　中学・高校数学レベル

文字式の変形

【例題23】次の文字式を括弧内の文字について解きなさい．

(1) $3a+3=4b-1$ $[a]$

(2) $\frac{2}{3}ab+3=5b-1$ $[b]$

（解説）

◎ポイント～移項

右辺から左辺（左辺から右辺）へ移項するときには，以下のようになる
$$+\to -,\ -\to +,\ \times \to \div,\ \div \to \times,\ 分子\to 分母,\ 分母\to 分子$$

(1) $3a=4b-4, a=\dfrac{4b-4}{3}$.

(2) $2ab+9=15b-3, 2ab-15b=-12, b(2a-15)=-12, b=-\dfrac{12}{2a-15}$.

【練習23】次の文字式を括弧内の文字について解きなさい．

(1) $3a+3=4b-1$ $[b]$

(2) $\frac{2}{3}ab+3=5b-1$ $[a]$

(3) $\frac{2}{3}x+1=\frac{1}{4}x-5$ $[x]$

(4) $4xy+5x=7y$ $[x]$

(5) $V=\frac{1}{3}\pi r^2 h$ $[h]$

(6) $S=4\pi r^2$ $[r]$

（答え）

(1) $b=\dfrac{3a+4}{4}$　(2) $a=\dfrac{15b-12}{2b}$　(3) $x=-\dfrac{72}{5}$　(4) $x=\dfrac{7y}{4y+5}$　(5) $h=\dfrac{3V}{\pi r^2}$

(6) $h=\pm\sqrt{\dfrac{S}{4\pi}}$

一次方程式

【例題 24】 次の一次方程式を解きなさい.

(1) $5x+4=7x+9$

(2) $0.3x-0.8=0.5x+1$

(3) $\frac{1}{3}x+1=\frac{3}{4}x-5$

（解説）

◎ポイント～移項

右辺から左辺（左辺から右辺）へ移項するときには，以下のようになる

$$+\to -,\ -\to +,\ \times \to \div,\ \div \to \times,\ 分子\to 分母,\ 分母\to 分子$$

(1) $5x-7x=9-4,\ -2x=5,\ x=-\frac{5}{2}$.

(2) 両辺を 10 倍する. $3x-8=5x+10,\ -2x=18,\ x=-9$.

(3) 両辺を 12 倍する. $4x+12=9x-60,\ -5x=-72,\ x=\frac{72}{5}$.

【練習 24】 次の一次方程式を解きなさい.

(1) $5x+2=2x-8$

(2) $-3x+4=7x-2$

(3) $2x-0.8=2+1.3x$

(4) $0.05x-1=0.02x-4$

(5) $\frac{1}{2}x-1=\frac{1}{3}x$

(6) $\frac{2}{3}x-\frac{1}{4}=\frac{1}{2}-\frac{5}{6}x$

（答え）

(1) $x=-\frac{10}{3}$ (2) $x=\frac{3}{5}$ (3) $x=4$ (4) $x=-100$ (5) $x=6$ (6) $x=\frac{1}{2}$

一次不等式

【例題25】次の一次不等式を解きなさい．

(1) $2x-3 \leq 4x+5$

(2) $\dfrac{x-1}{3} - \dfrac{1}{2}x > x-5$

（解説）

◎ポイント〜移項

> ×(負の数)，÷(負の数)の移項をしたとき，不等号の向きが逆になる

(1) $-2x \leq 8$, $x \geq -4$（-2 で割るので不等号の向きが逆転する）．

(2) 両辺を 6 倍する．$2(x-1)-3x > 6(x-5)$, $2x-2-3x > 6x-30$, $-7x > -28$, $x < 4$（不等号逆転）．

【練習25】次の一次不等式を解きなさい．

(1) $3x-2 < 4x+3$

(2) $3-(2x-1) \geq 1$

(3) $1.7x+1.5 > 2.1x+6.3$

(4) $\dfrac{1}{7}x-1 < x-\dfrac{2}{7}$

（答え）

(1) $x > -5$ (2) $x \leq \dfrac{3}{2}$ (3) $x < -12$ (4) $x > -\dfrac{5}{6}$

連立方程式①

【例題26】次の連立方程式を代入法で解きなさい.

$$\begin{cases} 7x - 2y = -4 & \cdots ① \\ y = 2x - 1 & \cdots ② \end{cases}$$

（解説）

◎ポイント〜連立方程式（代入法）

代入できるものは代入する

②に①を代入して, $7x - 2(2x-1) = -4$, $x = -2$.

②にこの結果を代入して, $y = 2(-2) - 1 = -5$.

したがって, $(x, y) = (-2, -5)$.

【練習26】次の連立方程式を代入法で解きなさい.

(1) $\begin{cases} y = x - 4 \\ 2x - y = 5 \end{cases}$

(2) $\begin{cases} 2x + 3y = 7 \\ x = 10 - 2y \end{cases}$

(3) $\begin{cases} y = 4x - 5 \\ y = 2x + 7 \end{cases}$

(4) $\begin{cases} y = -2x \\ 2x + 3(y+1) = 1 \end{cases}$

(5) $\begin{cases} 3(x-y) - 2(x+y) = 14 \\ y = 2(1-x) \end{cases}$

(6) $\begin{cases} 1.4x + 0.2y = 9 \\ x + y = 15 \end{cases}$

（答え）

(1) $(x, y) = (1, -3)$ (2) $(x, y) = (-16, 13)$ (3) $(x, y) = (6, 19)$

(4) $(x, y) = \left(\dfrac{1}{2}, -1\right)$ (5) $(x, y) = \left(\dfrac{24}{11}, -\dfrac{26}{11}\right)$ (6) $(x, y) = (5, 10)$

連立方程式②

【例題27】次の連立方程式を加減法で解きなさい.
$$\begin{cases} 2x+3y=17 & \cdots ① \\ 3x-2y=-7 & \cdots ② \end{cases}$$

（解説）

◎ポイント～連立方程式（加減法）

xまたはyの係数を最小公倍数でそろえる

①×3, ②×2 でxの係数をそろえる.

$$\begin{cases} 6x+9y=51 & \cdots ①' \\ 6x-4y=-14 & \cdots ②' \end{cases}$$

①'－②'より, $13y=65$, $y=5$. これを①に代入して,

$2x+3\times 5=17$. これを解いて, $x=1$. ∴ $(x,y)=(1,5)$.

【練習27】次の連立方程式を加減法で解きなさい.

(1) $\begin{cases} 3x-5y=11 \\ 4x-7y=16 \end{cases}$

(2) $\begin{cases} 4x+3y=10 \\ 5x+2y=16 \end{cases}$

(3) $\begin{cases} 1.4x+0.2y=15 \\ x+y=15 \end{cases}$

(4) $\begin{cases} x+y=6 \\ \dfrac{1}{6}x-\dfrac{1}{4}y=-4 \end{cases}$

(5) $\begin{cases} \dfrac{1}{3}x-\dfrac{1}{5}y=0 \\ 0.2x-1.2y=-10.8 \end{cases}$

(6) $3x-y=x-2y=10$

（答え）

(1) $(x,y)=(-3,-4)$ (2) $(x,y)=(4,-2)$ (3) $(x,y)=(10,5)$

(4) $(x,y)=(-6,12)$ (5) $(x,y)=(6,10)$ (6) $(x,y)=(2,-4)$

三元連立一次方程式

【例題 28】 次の連立方程式を解きなさい．

$$\begin{cases} x+y+z=6 & \cdots ① \\ 2x+3y-z=5 & \cdots ② \\ -3x+y+4z=11 & \cdots ③ \end{cases}$$

（解説）

◎ポイント～三元連立一次方程式の解き方

① 1つの式において「ある文字」について解く（例．$z=3x+2y$）

② 残りの2式に代入し，二元連立一次方程式を解く

①式により，$z=6-x-y \cdots ①'$．これを②，③に代入して整理すると，

$$\begin{cases} 3x+4y=11 \\ -7x-3y=-13 \end{cases}$$

となる．これを解いて，$(x,y)=(1,2)$．$①'$に代入して，

$$z=6-1-2=3.$$

よって，$(x,y,z)=(1,2,3)$．

【練習 28】 次の連立方程式を解きなさい．

(1) $\begin{cases} 2x-y+z=5 \\ -4x+3y-z=-11 \\ x+5y-4z=7 \end{cases}$
(2) $\begin{cases} 2x+y-5z=14 \\ 4x+3y-z=20 \\ -x+3y+2z=-3 \end{cases}$

（答え）

(1) $(x,y,z)=(3,0,-1)$ (2) $(x,y,z)=(4,1,-1)$

一次関数①

【例題29】次の一次関数のグラフを書き，値域（yの範囲）をもとめなさい．

(1) $y = 2x + 1$ $(-1 < x < 3)$ (2) $y = -\dfrac{1}{3}x - 2$ $(-1 < x < 3)$

（解説）

◎ポイント～一次関数のグラフ

一次関数 $y = ax + b$ のグラフ

傾きa → x軸方向に 1 進むと
　　　　y軸方向にa進む

y切片b → y軸との交点

定義域：xの範囲

値　域：yの範囲

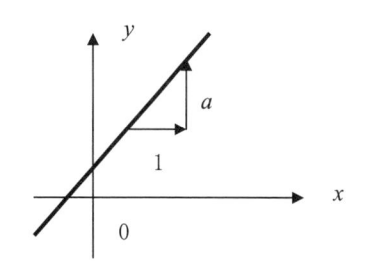

(1) $x = -1$ のとき，$y = 2(-1) + 1 = -1$．$x = 3$ のとき，$y = 2 \cdot 3 + 1 = 7$．

∴値域は，$-1 < y < 7$．グラフ略．

(2) $x = -1$ のとき，$y = -\dfrac{1}{3}(-1) - 2 = -\dfrac{5}{3}$．$x = 3$ のとき，$y = -\dfrac{1}{3} \cdot 3 - 2 = -3$．

∴値域は，$-3 < y < -\dfrac{5}{3}$（大小逆転）．グラフ略．

【練習29】次の一次関数のグラフを書き，値域（yの範囲）をもとめなさい．

(1) $y = x + 2$ $(1 < x < 2)$ (4) $y = 3x - 2$ $(-5 < x < 3)$

(2) $y = -2x + 2$ $(-2 < x < 1)$ (5) $y = -3x - 5$ $(-1 < x < 2)$

(3) $y = \dfrac{2}{3}x + 2$ $(-3 < x < 6)$ (6) $y = -\dfrac{1}{3}x - 4$ $(-6 < x < 3)$

（答え）グラフ略．

(1) $3 < y < 4$　(2) $0 < y < 6$　(3) $0 < y < 6$　(4) $-17 < y < 7$　(5) $-11 < y < -2$

(6) $-5 < y < -2$

一次関数②

【例題 30】次の条件をみたす一次関数をもとめなさい．
(1) 傾きが -3，点 $(3, 5)$ を通る．　(2) 2点 $(4, 3), (-2, 6)$ を通る．

（解説）

◎ポイント〜一次関数のもとめ方

- $y = ax + b$ とおく
- $a(傾き) = \dfrac{y の増加量}{x の増加量}$

(1) $y = -3x + b$ に $(x, y) = (3, 5)$ を代入して，$5 = -3 \times 3 + b$．∴ $b = 14$．
したがって，もとめる一次関数は，$y = -3x + 14$ である．

(2) まず，傾きをもとめる．$a = \dfrac{6 - 3}{-2 - 4} = -\dfrac{1}{2}$．

$y = -\dfrac{1}{2}x + b$ に $(x, y) = (4, 3)$ を代入して，$3 = -\dfrac{1}{2} \times 4 + b$．∴ $b = 5$．

したがって，もとめる一次関数は，$y = -\dfrac{1}{2}x + 5$ である．

【練習 30】次の条件をみたす一次関数をもとめなさい．

(1) 傾きが 3，点 $(2, 1)$ を通る．　　　(3) 2点 $(-2, 1), (2, 13)$ を通る．
(2) 傾きが -2，点 $(4, -1)$ を通る．　(4) 2点 $(1, -3), (-3, 3)$ を通る．

（答え）

(1) $y = 3x - 5$　(2) $y = -2x + 7$　(3) $y = 3x + 7$　(4) $y = -\dfrac{3}{2}x - \dfrac{3}{2}$

乗法公式①

【例題31】次の式を展開しなさい．

(1) $(x+1)(x-3)$
(2) $(2a-1)(2a+3)$
(3) $(2x-3)^2$
(4) $(x+3)(x-3)$

（解説）

◎ポイント〜乗法公式①

- $(x+a)(x+b) = x^2 + (a+b)x + ab$
- $(a \pm b)^2 = a^2 \pm 2ab + b^2$
- $(a+b)(a-b) = a^2 - b^2$

(1) 公式通り．$x^2 + (1-3)x + 1 \cdot (-3) = x^2 - 2x - 3$．

(2) $2a = X$ とおく．

公式通り．$(X-1)(X+3) = X^2 + 2X - 3 = (2a)^2 + 2(2a) - 3 = 4a^2 + 4a - 3$．

(3) $2x = X$ とおく．

公式通り．$(X-3)^2 = X^2 - 6X + 9 = (2x)^2 - 6(2x) + 9 = 4x^2 - 12x + 9$．

(4) 公式通り．$x^2 - 9$．

【練習31】次の式を展開しなさい．

(1) $(x+2)(x+3)$
(2) $(x-2)(x+5)$
(3) $(3a-1)(3a+4)$
(4) $(2a-3b)(2a+4b)$
(5) $(x+3)^2$
(6) $(3x-5)^2$
(7) $(x-7)(x+7)$
(8) $(7a+2b)(7a-2b)$

（答え）

(1) $x^2 + 5x + 6$ (2) $x^2 + 3x - 10$ (3) $9a^2 + 9a - 4$ (4) $4a^2 + 2ab - 12b^2$
(5) $x^2 + 6x + 9$ (6) $9x^2 - 30x + 25$ (7) $x^2 - 49$ (8) $49a^2 - 4b^2$

乗法公式②

【例題32】次の式を展開しなさい．

$$(2x-3)(5x+1)$$

（解説）

◎ポイント～乗法公式②

・$(ax+b)(cx+d) = acx^2 + (ad+bc)x + bd$

公式通り．$10x^2 + (2-15)x + (-3) \cdot 1 = 10x^2 - 13x - 3$．

【練習32】次の式を展開しなさい．

(1) $(2x+1)(3x+1)$ (5) $(2a-5)(5a+2)$

(2) $(6x+1)(2x+3)$ (6) $(5x+y)(2x-5y)$

(3) $(4a-2)(3a+4)$ (7) $(8x-y)(4x+y)$

(4) $(3a+4)(4a-3)$ (8) $(4x+3y)(7x-2y)$

（答え）

(1) $6x^2 + 5x + 1$ (2) $12x^2 + 20x + 3$ (3) $12a^2 + 10a - 8$ (4) $12a^2 + 7a - 12$

(5) $10a^2 - 21a - 10$ (6) $10x^2 - 23xy - 5y^2$ (7) $32x^2 + 4xy - y^2$

(8) $28x^2 + 13xy - 6y^2$

因数分解①

【例題33】次の式を因数分解しなさい．

(1) $x^2 - 2x - 3$ (3) $4x^2 - 12x + 9$

(2) $4a^2 - 4a - 3$ (4) $x^2 - 49$

（解説）

◎ポイント〜因数分解①

・$x^2 + \underline{(a+b)}x + \underline{ab} = (x+a)(x+b)$

   たして$(a+b)$　かけてabになるa, bを見つけよう！

・$a^2 \pm 2ab + b^2 = (a \pm b)^2$

・$a^2 - b^2 = (a+b)(a-b)$

(1) 公式通り．$(x-3)(x+1)$．

(2) $2a = X$とおく．あとは公式通り．$X^2 - 2X - 3 = (X-3)(X+1) = (2a-3)(2a+1)$．

(3) $2x = X$とおく．あとは公式通り．$X^2 - 6X + 9 = (X-3)^2 = (2x-3)^2$．

(4) 公式通り．$(x+7)(x-7)$．

【練習33】次の式を因数分解しなさい．

(1) $x^2 + 7x + 10$ (5) $x^2 - 6x + 9$

(2) $x^2 - 5x - 6$ (6) $25x^2 + 20x + 4$

(3) $4a^2 - 8a + 3$ (7) $x^2 - 25$

(4) $16a^2 + 8ab - 3b^2$ (8) $9x^2 - y^2$

（答え）

(1) $(x+2)(x+5)$ (2) $(x+1)(x-6)$ (3) $(2a-1)(2a-3)$ (4) $(4a-b)(4a+3b)$

(5) $(x-3)^2$ (6) $(5x+2)^2$ (7) $(x+5)(x-5)$ (8) $(3x+y)(3x-y)$

因数分解②

【例題34】次の式を因数分解しなさい.
$$10x^2 - 13x - 3$$

（解説）

◎ポイント～因数分解②たすきがけ

2次の因数分解はたすき掛けを使う

$10x^2 \boxed{-13} x - 3 = (2x-3)(5x+1)$

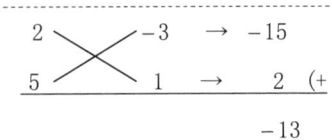

$$\begin{array}{ccc} 2 & \diagdown & -3 \to -15 \\ 5 & \diagup & 1 \to 2 \quad (+ \\ & & -13 \end{array}$$

【練習34】次の式を因数分解しなさい.

(1) $6x^2 + 5x + 1$　　(5) $12x^2 + 7x - 12$

(2) $6x^2 - 19x + 10$　　(6) $10x^2 - 21x - 10$

(3) $12a^2 + 20a + 3$　　(7) $10x^2 - 23xy - 5y^2$

(4) $6a^2 + 5ab - 4b^2$　　(8) $32x^2 + 4xy - y^2$

（答え）

(1) $(2x+1)(3x+1)$　(2) $(2x-5)(3x-2)$　(3) $(2a+3)(6a+1)$　(4) $(2a-b)(3a+4b)$

(5) $(3x+4)(4x-3)$　(6) $(2x-5)(5x+2)$　(7) $(2x-5y)(5x+y)$

(8) $(4x+y)(8x-y)$

平方根①

【例題35】次の問いに答えなさい．

(1) $\sqrt{24}$ を簡単にしなさい．

(2) ① $\dfrac{2}{\sqrt{12}}$ の分母を有理化しなさい．　② $\dfrac{\sqrt{2}}{\sqrt{5}+\sqrt{3}}$ の分母を有理化しなさい．

（解説）

◎ポイント～平方根①

①平方根を簡単にするには，

素因数分解をして，2個出てきたら，1個分を外に出す．

②分母の有理化

分母を整数にするため，

分母が $\sqrt{a}$ の形なら，分子・分母に $\times \sqrt{a}$

分母が $\sqrt{a}\pm\sqrt{b}$ の形なら，分子・分母に $\times(\sqrt{a}\mp\sqrt{b})$

(1) 右のように素因数分解をする．

$\sqrt{24}=\sqrt{2\times 2\times 2\times 3}=2\sqrt{2\times 3}=2\sqrt{6}$

(2個あるものは2つ消して，1つ外に出す．残りは根号の中)．

```
2 ) 24    …0
2 ) 12    …0
2 )  6    …0
     3
```

(2) ① $\dfrac{2}{2\sqrt{3}}=\dfrac{\cancel{2}\times\sqrt{3}}{\cancel{2}\sqrt{3}\times\sqrt{3}}=\dfrac{\sqrt{3}}{3}$　② $\dfrac{\sqrt{2}(\sqrt{5}-\sqrt{3})}{(\sqrt{5}+\sqrt{3})(\sqrt{5}-\sqrt{3})}=\dfrac{\sqrt{10}-\sqrt{6}}{5-3}=\dfrac{\sqrt{10}-\sqrt{6}}{2}$．

【練習35】平方根を簡単にしなさい((1)～(4))，有理化しなさい((5)～(8))．

(1) $\sqrt{48}$　(2) $\sqrt{50}$　(3) $\sqrt{56}$　(4) $\sqrt{84}$

(5) $\dfrac{6}{\sqrt{24}}$　(6) $\dfrac{5\sqrt{3}}{\sqrt{45}}$　(7) $\dfrac{\sqrt{3}}{\sqrt{7}-\sqrt{2}}$　(8) $\dfrac{\sqrt{7}-\sqrt{2}}{\sqrt{7}+\sqrt{2}}$

（答え）(1) $4\sqrt{3}$　(2) $5\sqrt{2}$　(3) $2\sqrt{14}$　(4) $2\sqrt{21}$

(5) $\dfrac{\sqrt{6}}{2}$　(6) $\dfrac{\sqrt{15}}{3}$　(7) $\dfrac{\sqrt{21}+\sqrt{6}}{5}$　(8) $\dfrac{9-2\sqrt{14}}{5}$

平方根②

【例題36】次の式を簡単にしなさい．
$$\sqrt{27}+\sqrt{20}-\sqrt{12}-5\sqrt{5}$$

（解説）

◎ポイント〜平方根②

同じ平方根どうしは，同類項として，足し引きできる

$3\sqrt{3}+2\sqrt{5}-2\sqrt{3}-5\sqrt{5}=\left(3\sqrt{3}-2\sqrt{3}\right)+\left(2\sqrt{5}-5\sqrt{5}\right)=\sqrt{3}-3\sqrt{5}$．

【練習36】次の式を簡単にしなさい．

(1) $\sqrt{12}+\sqrt{3}$

(2) $\sqrt{5}\times\sqrt{10}$

(3) $\sqrt{45}\div\sqrt{3}$

(4) $5\sqrt{3}-6\sqrt{3}$

(5) $\sqrt{75}+\sqrt{48}-\sqrt{12}$

(6) $-\sqrt{3}\left(\sqrt{24}-2\sqrt{15}\right)$

(7) $\left(\sqrt{2}+\sqrt{3}\right)\left(\sqrt{3}-\sqrt{2}\right)$

(8) $\left(\sqrt{5}-\sqrt{2}\right)^2$

（答え）
(1) $3\sqrt{3}$ (2) $5\sqrt{2}$ (3) $\sqrt{15}$ (4) $-\sqrt{3}$ (5) $7\sqrt{3}$ (6) $-6\sqrt{2}+6\sqrt{5}$ (7) 1
(8) $7-2\sqrt{10}$

平方根③

【例題 37】 $x=\dfrac{\sqrt{5}+\sqrt{3}}{\sqrt{5}-\sqrt{3}}, y=\dfrac{\sqrt{5}-\sqrt{3}}{\sqrt{5}+\sqrt{3}}$ のとき，$x^3+x^2y+xy^2+y^3$ の値をもとめなさい．

（解説）

◎ポイント～基本対照式

$$\begin{cases} x+y \\ xy \end{cases}$$

$$\begin{cases} x+y = \dfrac{\sqrt{5}+\sqrt{3}}{\sqrt{5}-\sqrt{3}}+\dfrac{\sqrt{5}-\sqrt{3}}{\sqrt{5}+\sqrt{3}}=\dfrac{\left(\sqrt{5}+\sqrt{3}\right)^2+\left(\sqrt{5}-\sqrt{3}\right)^2}{\left(\sqrt{5}-\sqrt{3}\right)\left(\sqrt{5}+\sqrt{3}\right)}=\dfrac{16}{2}=8 \\ xy = \dfrac{\sqrt{5}+\sqrt{3}}{\sqrt{5}-\sqrt{3}}\times\dfrac{\sqrt{5}-\sqrt{3}}{\sqrt{5}+\sqrt{3}}=1 \end{cases}$$

$x^3+x^2y+xy^2+y^3=(x+y)^3-2xy(x+y)=8^3-2\cdot 1\cdot 8=496$．

【練習37】 次の問いに答えなさい．

(1) $x=\dfrac{\sqrt{5}+\sqrt{3}}{2}, y=\dfrac{\sqrt{5}-\sqrt{3}}{2}$ のとき，x^3+y^3 の値をもとめなさい．

(2) $x=\dfrac{\sqrt{3}+\sqrt{2}}{\sqrt{3}-\sqrt{2}}, y=\dfrac{\sqrt{3}-\sqrt{2}}{\sqrt{3}+\sqrt{2}}$ のとき，$x^3-x^2y-xy^2+y^3$ の値をもとめなさい．

（答え）

(1) $\dfrac{7}{2}\sqrt{5}$　(2) 960

二次方程式①

【例題38】次の二次方程式を解きなさい．

(1) $(x-4)(x+2)=0$

(2) $x^2-3x=0$

(3) $x^2+4x-12=0$

(4) $x^2+4x+4=0$

(5) $x^2-9=0$

(6) $3x^2+2x-8=0$

（解説）

◎ポイント～二次方程式の解法

> 因数分解を使って解く

(1) $x-4=0$, または $x+2=0$
したがって, $x=-2,4$．

(2) $x(x-3)=0 \therefore x=0,3$．

(3) $(x+6)(x-2)=0 \therefore x=-6,2$．

(4) $(x+2)^2=0 \therefore x=-2$．

(5) $(x+3)(x-3)=0 \therefore x=-3,3$．

(6) $(3x-4)(x+2)=0 \therefore x=-2, \dfrac{4}{3}$．

【練習38】次の二次方程式を解きなさい．

(1) $(x+3)(x-4)=0$

(2) $2x^2+5x=0$

(3) $x^2+x-12=0$

(4) $x^2-6x+9=0$

(5) $x^2-16=0$

(6) $6x^2+5x-6=0$

（答え）

(1) $x=-3,4$　(2) $x=-\dfrac{5}{2},0$　(3) $x=-4,3$　(4) $x=3$　(5) $x=-4,4$

(6) $x=-\dfrac{3}{2},\dfrac{2}{3}$

二次方程式②

【例題39】次の二次方程式を解の公式を使って解きなさい．

(1) $x^2 - x - 6 = 0$

(2) $2x^2 - 7x + 6 = 0$

(3) $x^2 - 5x + 2 = 0$

(4) $2x^2 - x + 8 = 0$

（解説）

◎ポイント～二次方程式の解の公式

二次方程式 $ax^2 + bx + c = 0$ の解

$$x = \frac{-b \pm \sqrt{b^2 - 4ac}}{2a}$$

(1) 公式通り．$x = -2, 3$．

(2) 公式通り．$x = \dfrac{3}{2}, 2$．

(3) 公式通り．$x = \dfrac{5 \pm \sqrt{17}}{2}$．

(4) ルートの中身が負なので，解なし．

【練習39】次の二次方程式を解の公式を使って解きなさい．

(1) $2x^2 + 9x + 4 = 0$

(2) $6x^2 + 7x - 3 = 0$

(3) $x^2 + 4x - 1 = 0$

(4) $3x^2 + x + 5 = 0$

（答え）

(1) $x = -4, -\dfrac{1}{2}$
(2) $x = -\dfrac{3}{2}, \dfrac{1}{3}$
(3) $x = -2 \pm \sqrt{5}$
(4) 解なし

二次方程式の解の判別式

【例題40】次の二次方程式の解を判別しなさい．

(1) $x^2 - 5x - 6 = 0$

(2) $4x^2 - 4x + 1 = 0$

(3) $2x^2 - 3x + 4 = 0$

（解説）

◎ポイント〜二次方程式の解の判別式

二次方程式 $ax^2 + bx + c = 0$ の解の判別式 $D = b^2 - 4ac$

$D > 0$ → 2つの異なる実数解

$D = 0$ → 1つの実数解（重解）

$D < 0$ → 解なし，または，2つの異なる虚数解

(1) $D = 49 > 0$ より，2つの異なる実数解．

(2) $D = 0$ より，1つの実数解（重解）．

(3) $D = -23 < 0$ より，解なし，または，2つの異なる虚数解．

【練習40】次の二次方程式の解を判別しなさい．

(1) $2x^2 - 7x + 3 = 0$

(2) $9x^2 - 6x + 1 = 0$

(3) $3x^2 - x + 4 = 0$

（答え）

(1) 2つの異なる実数解

(2) 1つの実数解（重解）

(3) 解なし，または，2つの異なる虚数解

二次関数①

> 【例題41】次の条件をみたす二次関数をもとめなさい．
> (1) 原点$(0, 0)$を頂点とし，点$(2, 3)$を通る．
> (2) 点$(2, 3)$を頂点とし，点$(4, 5)$を通る．

（解説）

◎ポイント～二次関数

> 点(p, q)を頂点とする二次関数
> $$y = a(x-p)^2 + q$$
> （原点を頂点とする二次関数は，$y = ax^2$）

(1) 公式通り，$y = ax^2$．これに，$(x, y) = (2, 3)$を代入すると，$3 = a \cdot 2^2$, $a = \dfrac{3}{4}$．

$\therefore y = \dfrac{3}{4}x^2$．

(2) 公式通り，$y = a(x-2)^2 + 3$．これに，$(x, y) = (4, 5)$を代入すると，

$5 = a(4-2)^2 + 3$, $a = \dfrac{1}{2}$ $\therefore y = \dfrac{1}{2}(x-2)^2 + 3$．展開して，$y = \dfrac{1}{2}x^2 - 2x + 5$．

【練習41】次の条件をみたす二次関数をもとめなさい．
(1) 原点$(0, 0)$を頂点とし，点$(5, -2)$を通る．
(2) 原点$(0, 0)$を頂点とし，点$(-3, 6)$を通る．
(3) 点$(1, -4)$を頂点とし，点$(2, -1)$を通る．次の式を簡単にしなさい．
(4) 点$(-3, -6)$を頂点とし，点$(-2, -8)$を通る．次の式を簡単にしなさい．

（答え）

(1) $y = -\dfrac{2}{25}x^2$　(2) $y = \dfrac{2}{3}x^2$　(3) $y = 3x^2 - 6x - 1$　(4) $y = -2x^2 - 12x - 24$

二次関数②

【例題42】次の二次関数の頂点をもとめ，グラフを簡単に書きなさい．

(1) $y = x^2 - 4x + 5$ 　　(2) $y = -3x^2 - 5x + 1$

（解説）

◎ポイント～二次関数

点(p, q)を頂点とする二次関数
$$y = a(x-p)^2 + q$$

(1) 平方完成をおこなう．

$y = (x^2 - 4x) + 5$
　$= (x-2)^2 - 4 + 5$ (一次の係数の半分をとる)
　$= (x-2)^2 + 1$

よって，頂点$(2, 1)$．

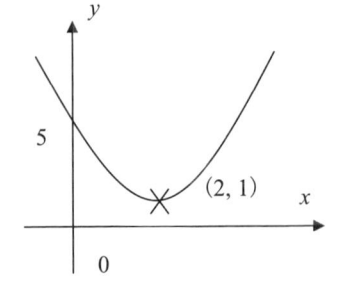

(2) 平方完成をおこなう．

$y = -3\left(x^2 + \dfrac{5}{3}x\right) + 1$
　$= -3\left(x + \dfrac{5}{6}\right)^2 + \dfrac{25}{12} + 1$ (一次の係数の半分をとる)
　$= -3\left(x + \dfrac{5}{6}\right)^2 + \dfrac{37}{12}$

よって，頂点$\left(-\dfrac{5}{6}, \dfrac{37}{12}\right)$．

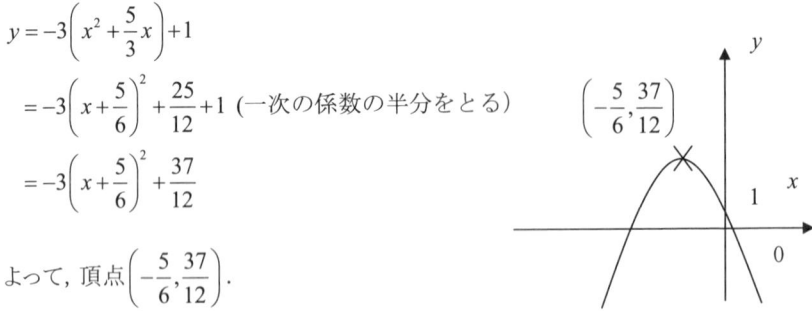

【練習42】次の二次関数の頂点をもとめ，グラフを簡単に書きなさい．

(1) $y = x^2 + 6x + 1$　　(3) $y = 4x^2 - x + 1$

(2) $y = -x^2 - 7x - 4$　　(4) $y = -2x^2 + 3x + 3$

（答え）グラフ略．

(1) $(-3, -8)$　(2) $\left(-\dfrac{7}{2}, \dfrac{33}{4}\right)$　(3) $\left(\dfrac{1}{8}, \dfrac{15}{16}\right)$　(4) $\left(\dfrac{3}{4}, \dfrac{33}{8}\right)$

二次関数③

【例題43】 3点$(3, 2), (-1, 6), (-2, 12)$を通る二次関数をもとめなさい．

（解説）

◎ポイント〜3点を通る二次関数

点(p,q)を頂点とする二次関数
$$y = ax^2 + bx + c$$

3点をそれぞれ$y = ax^2 + bx + c$に代入する．

$$\begin{cases} 9a + 3b + c = 2 & \cdots ① \\ a - b + c = 6 & \cdots ② \\ 4a - 2b + c = 12 & \cdots ③ \end{cases}$$

①より，$c = -9a - 3b + 2 \ \cdots ①'$

これを，②，③に代入し，整理する．

$$\begin{cases} -8a - 4b = 4 \\ -5a - 5b = 10 \end{cases}$$

これを解いて，$a = 1, b = -3$．これらを①'に代入すると，$c = 2$となる．

よって，もとめる二次関数は，$y = x^2 - 3x + 2$　となる．

【練習43】 各問において，3点を通る二次関数をもとめなさい．

(1) $(-1, -4), (2, 17), (0, 1)$　　(3) $(0, 1), (-2, 19), (1, 4)$

(2) $(-2, 6), (1, -12), (3, -34)$　　(4) $(3, -6), (-1, -2), (1, 4)$

（答え）

(1) $y = x^2 + 6x + 1$　(2) $y = -x^2 - 7x - 4$　(3) $y = 4x^2 - x + 1$　(4) $y = -2x^2 + 3x + 3$

二次関数の最大・最小

【例題44】 次の二次関数の最大値と最小値をもとめなさい．

(1) $y = 2x^2 \ (-1 \leq x \leq 2)$ (2) $y = -x^2 + 4x + 1 \ (-3 \leq x \leq 1)$

（解説）

◎ポイント～二次関数の最大値・最小値

二次関数の最大値・最小値をもとめるときは，必ずグラフを書け！

(1) 原点を頂点とする．

$x = -1$ のとき，$y = 2$．

$x = 2$ のとき，$y = 8$．

グラフより，

最大値 $y = 8 \ (x = 2)$

最小値 $y = 0 \ (x = 0)$

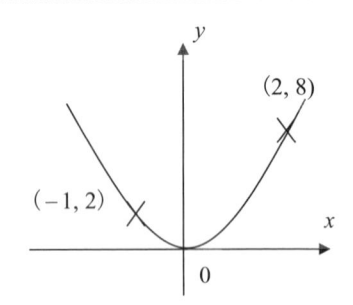

(2) 平方完成して，$y = -(x-2)^2 + 5$．

頂点は，$(2, 5)$．

$x = -3$ のとき，$y = -20$．

$x = 1$ のとき，$y = 4$．

グラフより，

最大値 $y = 4 \ (x = 1)$

最小値 $y = -20 \ (x = -3)$

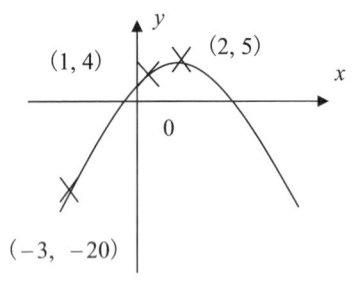

【練習44】 次の二次関数の最大値と最小値をもとめなさい．

(1) $y = 3x^2 \ (-4 \leq x \leq -1)$ (3) $y = 2x^2 + x - 1 \ (-5 \leq x \leq 0)$

(2) $y = -2x^2 \ (-2 \leq x \leq 3)$ (4) $y = -3x^2 - x + 1 \ (-2 \leq x \leq 1)$

（答え）それぞれ最大値, 最小値の順に

(1) $48 \ (x = -4)$, $3 \ (x = -1)$ (2) $0 \ (x = 0)$, $-18 \ (x = 3)$ (3) $44 \ (x = -5)$, $-\dfrac{9}{8} \ (x = -\dfrac{1}{4})$

(4) $\dfrac{13}{12} \ (x = -\dfrac{1}{6})$, $-9 \ (x = -2)$

2 直線の平行・垂直

【例題45】次の問いに答えなさい.

(1) 点$(1, 2)$を通り,直線$y = 3x+1$に平行な直線の方程式をもとめなさい.

(2) 点$(2, 3)$を通り,直線$y = 2x+1$に垂直な直線の方程式をもとめなさい.

(解説)

◎ポイント〜2直線の平行・垂直

> 2直線が平行 ⇔ 傾きが等しい
>
> 2直線が垂直 ⇔ 傾きの積が-1

(1) 平行であるので,傾きが等しいから,$y = 3x+b$とおける.

これに,$(x, y) = (1, 2)$を代入して,$b = -1$が得られる.

∴もとめる直線の方程式は,$y = 3x-1$となる.

(2) 垂直であるので,傾きが逆数に-1を掛けたものに等しいから,$y = -\dfrac{1}{2}x+b$とおける.これに,$(x, y) = (2, 3)$を代入して,$b = 4$が得られる.

∴もとめる直線の方程式は,$y = -\dfrac{1}{2}x+4$となる.

【練習45】次の問いに答えなさい.

(1) 点$(2, 3)$を通り,直線$y = 2x+1$に平行な直線の方程式をもとめなさい.

(2) 点$(-1, 1)$を通り,直線$y = 3x-1$に平行な直線の方程式をもとめなさい.

(3) 点$(3, -2)$を通り,直線$y = 3x-1$に垂直な直線の方程式をもとめなさい.

(4) 点$(5, 0)$を通り,直線$y = \dfrac{1}{4}x+5$に垂直な直線の方程式をもとめなさい.

(答え)

(1) $y = 2x-1$ (2) $y = 3x+4$ (3) $y = -\dfrac{1}{3}x-1$ (4) $y = -4x+20$

放物線と直線の交点

【例題46】放物線 $y = x^2 + 6x + 8$ と直線 $y = 2x + 5$ の交点の座標をもとめなさい．

（解説）

◎ポイント〜放物線と直線の交点

> 放物線と直線の方程式を連立させて解く

$$\begin{cases} y = x^2 + 6x + 8 & \cdots ① \\ y = 2x + 5 & \cdots ② \end{cases}$$

①，②より，$x^2 + 6x + 8 = 2x + 5$ ．$\therefore x^2 + 4x + 3 = 0$ ．

これを解いて，$x = -3, -1$ ．

ⅰ）$x = -3$ のとき，②に代入して，$y = -1$ ．

ⅱ）$x = -1$ のとき，②に代入して，$y = 3$ ．

ⅰ），ⅱ）よりもとめる交点の座標は，$(x, y) = (-3, -1), (-1, 3)$ となる．

【練習46】次の問いに答えなさい．

(1) 放物線 $y = x^2 - 8x + 5$ と直線 $y = -3x + 1$ の交点の座標をもとめなさい．

(2) 放物線 $y = x^2 + 10x + 15$ と直線 $y = 4x + 7$ の交点の座標をもとめなさい．

(3) 放物線 $y = -x^2 - 7x - 18$ と直線 $y = 3x + 7$ の交点の座標をもとめなさい．

(4) 放物線 $y = -x^2 - 4$ と直線 $y = -5x + 2$ の交点の座標をもとめなさい．

（答え）

(1) $(1, -2), (4, -11)$　(2) $(-4, -9), (-2, -1)$　(3) $(-5, -8)$

(4) $(2, -8), (3, -13)$

指数

【例題47】次の式を簡単にしなさい．

(1) $a^2 \times a^3$

(2) $a^5 \div a^2$

(3) $\left(a^3\right)^2$

(4) $\dfrac{a^3}{a^2}$

(5) a^{-2}

(6) 2^0

（解説）

◎ポイント～指数

① $a^m \times a^n = a^{m+n}$

② $a^m \div a^n = a^{m-n}$

③ $\left(a^m\right)^n = a^{m \times n}$

④ $\dfrac{a^m}{a^n} = a^{m-n}$

⑤ $a^{-m} = \dfrac{1}{a^m}$

⑥ $a^0 = 1$

すべて公式通り．

(1) $a^{2+3} = a^5$

(2) $a^{5-2} = a^3$

(3) $a^{3 \times 2} = a^6$

(4) $a^{3-2} = a^1 = a$

(5) $\dfrac{1}{a^2}$

(6) $2^0 = 1$

【練習47】次の式を簡単にしなさい．

(1) $a^{1/2} \times a^{3/2} \times a^2$

(2) $a^{3.5} \div a^{1.5}$

(3) $\left(a^{1.5}\right)^2$

(4) $\dfrac{a^7}{a^4}$

(5) a^{-3}

(6) 3^0

（答え）(1) a^4 (2) a^2 (3) a^3 (4) a^3 (5) $\dfrac{1}{a^3}$ (6) 1

第 3 章　応用レベル

表計算

【例題 48】次の表の空欄をうめなさい．なお，比率は%ですべて今年のものをもとめなさい．また，単位は 100 万円である．

	前年	今年	目標	増加率%	達成率%	構成比率%
A 支店	800	1200	1500			
B 支店	1200	2100	2000			
C 支店	2000	1500	2500			
合計						

（解説）

◎ポイント～比率

増加率(%) ＝ 増加量 ÷ はじめの量 ×100%

達成率(%) ＝ 実績量 ÷ 目標量 ×100%

構成比率(%)＝注目している量 ÷ 全体 × 100%

答えのみ．前年合計 4000, 今年合計 4800, 目標合計 6000. 上から増加率, 50, 75, −25, 20. 達成率, 80, 105, 60, 80. 構成比率, 25, 43.75, 31.25, 100.

【練習 48】次の表の空欄をうめなさい．なお，比率は%ですべて今年のものをもとめなさい．また，単位は 100 万円である．

	前年	今年	目標	増加率%	達成率%	構成比率%
A 支店	500	780	1000			
B 支店	1500	1620	1500			
合計						

（答え）

前年合計 2000, 今年合計 2400, 目標合計 2500.

上から増加率, 56, 8, 20. 達成率, 78, 108, 96. 構成比率, 32.5, 67.5, 100.

樹形図

【例題49】 次の数は何通りできるか．樹形図を使ってもとめなさい．

(1) 1, 2, 3, 4 を使って4ケタの数を作る．

(2) 1, 2, 3, 4 を使って4ケタの偶数を作る．

（解説）

◎ポイント〜樹形図の書き方

①制限の強いものから決めていく

②規則性が見つかったら，それ以上書かずに計算で

(1) 千　百　十　一　(2)制限の強い一の位から決める．

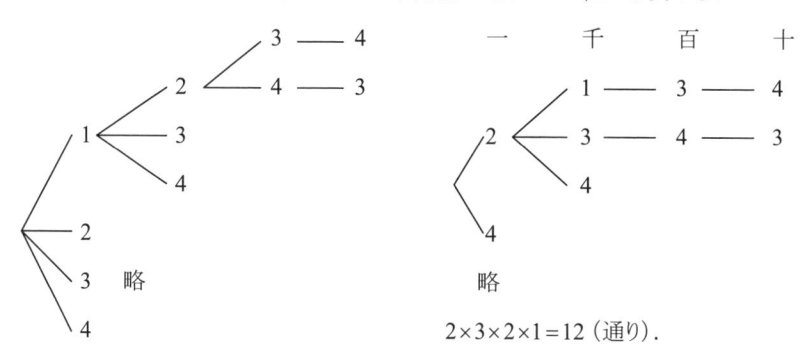

略

$4 \times 3 \times 2 \times 1 = 24$（通り）．

$2 \times 3 \times 2 \times 1 = 12$（通り）．

【練習49】 次の数は何通りできるか．樹形図を使ってもとめなさい．

(1) 1, 2, 3, 4, 5 を使って5ケタの数を作る．

(2) 1, 2, 3, 4, 5 を使って5ケタの偶数を作る．

(3) 1, 2, 3, 4, 5 を使って5ケタの奇数を作る．

(4) 0, 1, 2, 3 を使って4ケタの数を作る．

(5) 0, 1, 2, 3 を使って4ケタの偶数を作る．

(6) 0, 1, 2, 3 を使って4ケタの奇数を作る．

（答え）

(1) 120　(2) 48　(3) 72　(4) 18　(5) 10　(6) 8

集合

【例題50】次の問いにベン図を使って答えなさい．

(1) ジョーカーを除くトランプ52枚のカードのうち，ハートまたはジャック(J)でないカードは何枚あるか．

(2) 1～100 までの自然数のうち，2でも3でも割り切れない数はいくつあるか．

※このページはP.61を学習してからでもよい．

（解説）

(1) ハートは13枚．ジャックは4枚．

そのうち，ハートかつジャックは1枚．

ジャックではないハートは，13－1=12枚．

ハートではないジャックは，4－1=3枚．

これにより，右のベン図を完成させる．

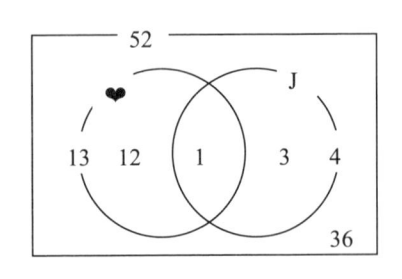

したがって，ハートでもジャックでもないカードは，52－(12+1+3)=36(枚)．

(2) 2で割り切れる数は，100÷2=50．

3で割り切れる数は，100÷3=33…1．

2でも3でも割り切れる数，つまり6で割り切れる数は，100÷6=16…4．

2でも3でも割り切れない数は，

100－(34+16+17)=33(個)．

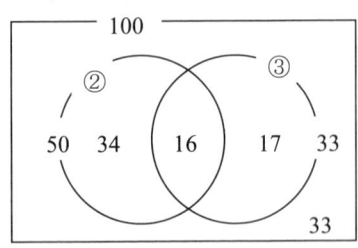

【練習50】次の問いにベン図を使って答えなさい．

(1) 1～200までの自然数のうち，2でも3でも割り切れない数はいくつあるか．

(2) 100～200までの自然数のうち，2でも3でも割り切れない数はいくつあるか．

（答え）

(1) 67　(2) 34

順列

【例題51】次の方法は何通りあるか答えなさい．

(1) 5人のうち3人を選んで並べる．

(2) aaabb を並べる．

(3) ABCD の4人を円形テーブルに座らせる．

（解説）

◎ポイント〜順列・同じものを含む順列・円順列

①n個のうちr個を取って，一列に並べる方法（順列）
$$_nP_r = \underbrace{n\cdot(n-1)\cdot(n-2)\cdots}_{r\text{個}}$$

②同じものを含む順列

（例）aaabbcccc の9個を並べる．
$$\frac{9!}{3!2!4!}$$

③n人を円形に並べる方法（円順列）
$$(n-1)!$$

(1) $_5P_3 = 5\cdot4\cdot3 = 60$（通り）．

(2) $\dfrac{5!}{3!2!} = 10$（通り）．

(3) $(4-1)! = 6$（通り）．

【練習51】次の方法は何通りあるか答えなさい．

(1) 7人のうち3人を選んで並べる．

(2) aaabbbbcdd を並べる．

(3) ABCDE の5人を円形テーブルに座らせる．

（答え）

(1) 210　(2) 12600　(3) 24

組合せ

【例題52】次の方法は何通りあるか答えなさい．

(1) 5人のうち3人を選ぶ．

(2) 男子10人から2人と，女子5人から2人を選ぶ．

(3) 9人を4人，3人，2人のグループに分ける．

（解説）

◎ポイント～組合せ

n 個のうち r 個を選ぶ方法（組合せ）

$$_nC_r = \frac{\overbrace{n\cdot(n-1)\cdot(n-2)\cdots}^{r個}}{r!}$$

(1) $_5C_3 = \dfrac{5\cdot 4\cdot 3}{3!} = 10$（通り）．

(2) $_{10}C_2 \times {}_5C_2 = 450$（通り）．

(3) 9人から4人を選び，残り5人から3人選ぶ．残りは自動的に決まる．

$_9C_4 \times {}_5C_3 = 1260$（通り）．

【練習52】次の方法は何通りあるか答えなさい．

(1) 6人のうち2人を選ぶ．

(2) 7人のうち4人を選ぶ．

(3) 男子12人から3人と，女子4人から2人を選ぶ．

(4) 男子3人から1人と，女子7人から4人を選ぶ．

(5) 10人を5人，3人，2人のグループに分ける．

(6) 12人を5人，4人，3人のグループに分ける．

（答え）

(1) 15　(2) 35　(3) 1320　(4) 105　(5) 2520　(6) 27720

色ぬり

【例題53】右の長方形を，境界がはっきりする
ように，赤，白，黄のすべての色を使ってぬり分ける．
何通りのぬり方があるか答えなさい．

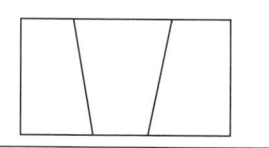

（解説）

◎ポイント〜色ぬり

①境界の色は変える(境界がはっきりするように)
②樹形図で考える

左から領域①，②，③とし，樹形図を書く．
右図より，
$3 \times 2 \times 1 = 6$ （通り）．

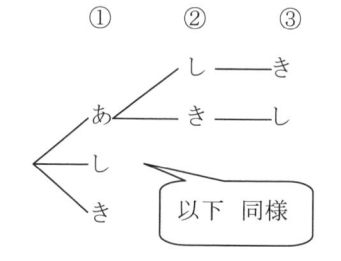

以下 同様

【練習53】長方形を，境界がはっきりするように，各問題で指定されたすべての色を使ってぬり分ける．何通りのぬり方があるか答えなさい．

(1)①赤，白
　②赤，青，緑
　③赤，青，黄，緑

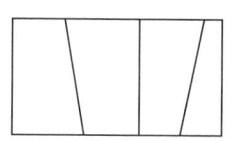

(2)①赤，青，黄
　②赤，青，黄，白

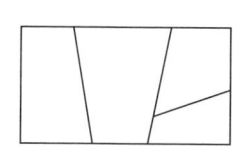

（答え）
(1)①2　②18　③24　(2)①12　②24

確率

【例題54】 次の確率をもとめなさい．

(1) 2つのサイコロを振ったとき，その和が5になる確率．

(2) ジョーカーを除く52枚のトランプから1枚を取り出すとき，ハートまたはクィーン(Q)である確率．

(3) 袋の中に赤玉3個，白玉5個が入っている．この中から3個を取り出したとき，少なくとも1個以上の赤玉が含まれている確率．

（解説）

◎ポイント～確率

$$(確率) = \frac{(指定された場合の数)}{(すべての場合の数)}$$

(1) 2つのサイコロをA, Bとする．すべての場合の数は，$6 \times 6 = 36$．また，和が5となる場合の数は，(A,B)=(1, 4),(2, 3),(3, 2),(4, 1)の4通り．

∴もとめる確率は，$\dfrac{4}{36} = \dfrac{1}{9}$．

(2) すべての場合の数は，52．また，ハートまたはクイーンである場合の数は16（∵ハートは13枚．クイーンは4枚．両方は1枚．よって，13+4−1=16）．

∴もとめる確率は，$\dfrac{16}{52} = \dfrac{4}{13}$．

(3) すべての場合の数は，${}_8C_3 = 56$．赤玉が全く含まれない（白のみ）場合の数は，${}_5C_3 = 10$．

よって，少なくとも1個以上赤玉が含まれている場合の数は，56−10=46．

∴もとめる確率は，$\dfrac{46}{56} = \dfrac{23}{28}$．

【練習54】 次の確率をもとめなさい．

(1) 2つのサイコロを振ったとき，その和が3または7になる確率．

(2) ジョーカーを除く52枚のトランプから1枚を取り出すとき，ハートかつクィーン(Q)である確率．

(3) 袋の中に赤玉4個，白玉4個が入っている．この中から2個を取り出したとき，少なくとも1個以上の白玉が含まれている確率．

（答え）

(1) $\dfrac{2}{9}$　(2) $\dfrac{1}{52}$　(3) $\dfrac{11}{14}$

割合一行問題③

【例題55】次の問いに答えなさい．
(1) ある品物の原価に2割の利益を見込んで定価をつけたら，2880円となった．この品物の原価をもとめなさい．
(2) ある品物の原価に3割の利益を見込んで定価をつけていたが，売れないので2割引きにして売ったところ，利益は800円になった．この品物の原価をもとめなさい．

（解説）
(1) 原価を x 円とする．$1.2x = 2880$．$x = 2880 \div 1.2 = 2400$（円）．
(2) 原価を x 円とする．$1.3 \times 0.8 \times x - x = 800$．$x = 800 \div 0.04 = 20000$（円）．

【練習55】次の問いに答えなさい．
(1) ある品物の原価に15%の利益を見込んで定価をつけたら，1725円となった．この品物の原価をもとめなさい．
(2) ある品物の原価に2割の利益を見込んで定価を付けていたが，売れないので30%引きにして売ったところ，320円の損失になった．この品物の原価をもとめなさい．

（答え）
(1) 1500円　(2) 2000円

割合―行問題④

【例題 56】次の問いに答えなさい．

(1) A市の今年の人口は，115500人で，昨年からの人口増加率は5%であった．昨年の人口をもとめなさい．

(2) ある会社では，B店の今年の構成比率が24%で，6300万円である．今年の会社全体の売り上げをもとめなさい．

(解説)

(1) 昨年の人口をx人とする．$1.05x = 115500$．$x = 115500 \div 1.05 = 110000$（人）．

(2) 今年の会社全体の売り上げを 円とする．$x \times 0.24 = 6300$．
$x = 6300 \div 0.24 = 26250$（万円）．

【練習 56】次の問いに答えなさい．

(1) A社の今年の売上4560万円で，昨年からの増加率は14%であった．昨年の売上をもとめなさい．

(2) B社の今年の売上は7920万円で，目標達成率88%であった．売上目標をもとめなさい．

(答え)

(1) 4000万円　(2) 9000万円

余り・不足

> 【例題57】次の問いに答えなさい．
> (1) 3 で割ると 2 余り，5 で割ると 2 余る 2 桁の整数で最小の数をもとめなさい．
> (2) 3 で割ると 1 余り，5 で割ると 3 余る 3 桁の整数で最小の数をもとめなさい．

（解説）

◎ポイント～余り・不足の問題

共通の余り，または，不足を探せ！

(1) 3, 5 の最小公倍数は 15．15+2=17．

(2) どちらも 2 不足する．最小公倍数は 15．15×7−2=103．

【練習57】次の問いに答えなさい．

(1) 4 で割ると 1 余り，6 で割ると 1 余る 2 桁の整数で最小の数をもとめなさい．

(2) 6 で割ると 3 余り，8 で割ると 3 余る 3 桁の整数で最小の数をもとめなさい．

(3) 10 で割ると 4 余り，15 で割ると 9 余る 2 桁の整数で最小の数をもとめなさい．

(4) 5 で割ると 2 余り，7 で割ると 4 余る 3 桁の整数で最小の数をもとめなさい．

（答え）

(1) 13　(2) 123　(3) 24　(4) 102

倍数

【例題58】次の問いに答えなさい．

(1) 1～100 までの整数のうち，3 で割り切れる整数は何個あるか．

(2) 200～300 までの整数のうち，3 で割り切れる整数は何個あるか．

(3) 1～100 までの整数のうち，2 でも 3 でも割り切れる整数，2 または 3 で割り切れる整数，2 でも 3 でも割り切れない整数はそれぞれ何個あるか．

（解説）

◎ポイント～倍数

①1 から n までの整数で x の倍数の個数は $n \div x$ の商である．

②倍数の複合問題は「ベン図」を使う．

(1) 100÷3=33…1. よって，33（個）．

(2) 300÷3=100. 200÷3=66…2. 100－66=34（個）．

(3) ベン図を書く．2 でも 3 でも割り切れる整数は 6 の公倍数であるから，100÷6=16…4. よって，16 個．答えは，以下のベン図のとおり．順に，16, 67, 33.

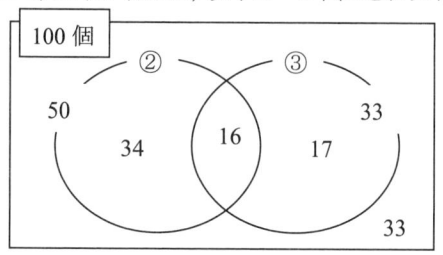

【練習58】次の問いに答えなさい．

(1) 1～300 までの整数のうち，2 でも 3 でも割り切れる整数，2 または 3 で割り切れる整数，2 でも 3 でも割り切れない整数はそれぞれ何個あるか．

(2) 200～300 までの整数のうち，2 でも 3 でも割り切れる整数，2 または 3 で割り切れる整数，2 でも 3 でも割り切れない整数はそれぞれ何個あるか．

（答え）

(1) 順に，50, 200, 100   (2) 順に，17, 68, 33

規則性

【例題59】次の問いに答えなさい．

(1) ABCDABCDABC…の文字列で70番目の文字をもとめなさい．

(2) 3^n を5で割った余りを a_n とする．a_{100} をもとめなさい．

(3) $\dfrac{1}{2\times 3}+\dfrac{1}{3\times 4}+\dfrac{1}{4\times 5}+\dfrac{1}{5\times 6}$ を計算しなさい．

（解説）

◎ポイント～規則性

◆規則性を探そう

①セットを見つける

②余りの問題は，実際にやっていくつか計算してみて規則性を探す

◆部分分数

$$\dfrac{1}{a\times b}=\dfrac{1}{差}\left(\dfrac{1}{a}-\dfrac{1}{b}\right) \quad ※ a<b$$

(1) ABCDがセットなので，70÷4=17…2．よって，B．

(2) $3^1\div 5=?\cdots 3,\ 3^2\div 5=?\cdots 4,\ 3^3\div 5=?\cdots 2,\ 3^4\div 5=?\cdots 1,\ 3^5\div 5=?\cdots 3$．

余りは，3,4,2,1 の繰り返し．100÷4=25…0．よって，1．

(3) $\left(\dfrac{1}{2}-\dfrac{1}{3}\right)+\left(\dfrac{1}{3}-\dfrac{1}{4}\right)+\left(\dfrac{1}{4}-\dfrac{1}{5}\right)+\left(\dfrac{1}{5}-\dfrac{1}{6}\right)=\dfrac{1}{2}-\dfrac{1}{6}=\dfrac{1}{3}$．

【練習59】次の問いに答えなさい．

(1) DFSRWDFSRWDF…の文字列で72番目の文字をもとめなさい．

(2) 3^n を4で割った余りを a_n とする．a_{100} をもとめなさい．

(3) $\dfrac{1}{1\times 4}+\dfrac{1}{4\times 7}+\dfrac{1}{7\times 10}+\dfrac{1}{10\times 13}$ を計算しなさい．

（答え）(1) F　(2) 1　(3) $\dfrac{4}{13}$

曜日

【例題60】次の問いに答えなさい．

(1) 平年で3月3日が水曜日なら，5月10日は何曜日か．

(2) 1980年の2月3日が日曜日なら，1995年の2月3日は何曜日か．

（解説）

◎ポイント〜曜日

◆経過日数を7で割った余りの分だけ曜日は進む

◆同じ月日なら　　平年　　→　1曜日進む

　　　　　　　　うるう年　→　2曜日進む

◆西暦が4の倍数:うるう年

　西暦が100の倍数:うるう年やめ

　西暦が400の倍数:うるう年

(1) 5月10日まで，3月は28日，4月は30日，5月は10日で，それらの合計は68日である．68÷7=9…5．よって，5曜日進む．したがって，月曜日となる．

(2) 1995年の2月28日は関係ないので，1980〜1994年のうち，うるう年は80,84,88,92の4年あるから，平年は15−4=11年．したがって，進む曜日は，

11×1+4×2=19 曜日となる．よって，19÷7=2…5曜日進む．∴金曜日．

【練習60】次の問いに答えなさい．

(1) 平年で2月16日が火曜日なら，7月7日は何曜日か．

(2) うるう年で1月3日が木曜日なら，4月24日は何曜日か．

(3) 1970年の5月21日が木曜日なら，1992年の5月21日は何曜日か．

(4) 1982年の1月4日が月曜日なら，1996年の1月4日は何曜日か．

（答え）

(1) 水曜日　(2) 木曜日　(3) 木曜日　(4) 木曜日

N進法①

【例題61】次のカッコの中で表された進数を10進法で書き換えなさい．

(1) 1011[2]

(2) 3121[4]

(解説)

◎ポイント～N進法→10進法

N進法で，$abcd[N]$で表される数は，

位取り　　N^3　N^2　N^1　1
　　　　　↓　　↓　　↓　　↓
　　　　　a　　b　　c　　d

10進法では，　$N^3 \times a + N^2 \times b + N^1 \times c + 1 \times d$　となる

(1) $2^3 \times 1 + 2^2 \times 0 + 2 \times 1 + 1 \times 1 = 11$．

(2) $4^3 \times 3 + 4^2 \times 1 + 4 \times 2 + 1 \times 1 = 217$．

【練習61】次のカッコの中で表された進数を10進法で書き換えなさい．

(1) 11011[2]

(2) 111000[2]

(3) 211[3]

(4) 2211[3]

(5) 3421[5]

(6) 2104[6]

(7) 156[8]

(8) 87[9]

(答え)

(1) 27　(2) 56　(3) 22　(4) 76　(5) 486　(6) 472　(7) 110　(8) 79

N 進法②

【例題62】10進法で14を2進法で表しなさい．

（解説）

◎ポイント～10進法→N進法

> Nで割って，すだれ算をおこなう

下から読んで，1110．

```
2) 14…0
2)  7…1
2)  3…1
    1
```

【練習62】次の問いに答えなさい．

(1) 10進法で18を2進法で表しなさい．

(2) 10進法で25を2進法で表しなさい．

(3) 10進法で31を3進法で表しなさい．

(4) 10進法で100を3進法で表しなさい．

(5) 10進法で21を4進法で表しなさい．

(6) 10進法で114を4進法で表しなさい．

(7) 10進法で214を5進法で表しなさい．

(8) 10進法で124を6進法で表しなさい．

（答え）

(1) 10010　(2) 11001　(3) 1011　(4) 10201　(5) 111　(6) 1302　(7) 1324

(8) 324

歯車・ベルト

【例題63】次の問いに答えなさい．

(1) 歯数がそれぞれ 20, 30 の歯車 A, B がある．歯車 A が 6 回転したとき，歯車 B は何回転するか．

(2) ベルトでつながれた滑車 A, B がある．半径はそれぞれ 5, 3 である．A が 30 回転したとき，B は何回転するか．

（解説）

◎ポイント〜歯車・ベルト

①歯車　　　　　　　　　　逆比

　　　　　　歯数の比　⇔　回転数の比

②ベルト　　　　　　　　　逆比

　　　　　　滑車の半径比　⇔　回転数の比

(1) $20:30 = x:6$．$x = 4$（回転）．

(2) $5:3 = x:30$．$x = 50$（回転）．

【練習63】次の問いに答えなさい．

(1) 歯数がそれぞれ 30, 40 の歯車 A, B がある．歯車 A が 24 回転したとき，歯車 B は何回転するか．

(2) 歯数がそれぞれ 50, 30 の歯車 A, B がある．歯車 B が 10 回転したとき，歯車 A は何回転するか．

(3) ベルトでつながれた滑車 A, B がある．半径はそれぞれ 7, 5 である．A が 40 回転したとき，B は何回転するか．

(4) ベルトでつながれた滑車 A, B がある．半径はそれぞれ 8, 10 である．B が 28 回転したとき，A は何回転するか．

（答え）

(1) 18　(2) 6　(3) 56　(4) 35

魔方陣

【例題 64】 次の魔方陣には 1〜25 までの数がすべて含まれている．空欄をうめなさい．

17		4		11
24	5			18
1	7			25
8	14	20		
	16	22		9

（解説）答えはページ下に．

◎ポイント〜 $n \times n$ の魔方陣

①中央の数はすべての数の平均

②一列の和は　(すべての数の和)÷n

【練習 64】 次の魔方陣には 1〜9 までの数がすべて含まれている．空欄をうめなさい．

2		
		3
	1	

（答え）例題

	23		10	
		6	12	
		13	19	
			21	2
15			3	

練習

	9	4
7	5	
6		8

つるかめ算

【例題65】ツルとカメが合わせて20匹いて，それらの足の数の合計は50本である．ツルとカメはそれぞれ何匹いるか．

(解説)

◎ポイント～つるかめ算

　　　　　　全数を片方であると仮定して解く

全部をツルとすると，足の数は2×20=40(本)．50−40=10(本)不足．ツル→カメに1匹変更すると，4−2=2(本)増える．10÷2=5(匹)をカメに変更すればよい．したがって，カメは5匹．ツルは20−5=15(羽)．

(別解1)

全部をカメとすると，足の数は4×20=80(本)．80−50=30(本)多い．カメ→ツルに1匹変更すると，4−2=2(本)減る．30÷2=15(匹)をツルに変更すればよい．したがって，ツルは15(羽)．カメは20−15=5(匹)．

(別解2)

方程式で解く．ツルをx羽，カメをy匹とする．連立方程式は，

$$\begin{cases} x+y=20 \\ 2x+4y=50 \end{cases} \text{これを解いて，} \begin{cases} x=15 \\ y=5 \end{cases}.$$

【練習65】次の問いに答えなさい．

(1) ツルとカメが合わせて20匹いて，それらの足の数の合計は46本である．ツルとカメはそれぞれ何匹いるか．

(2) 50円切手と80円切手をあわせて10枚購入した．代金は590円であった．それぞれを何枚購入したか．

(3) 1個50円のみかんと100円のリンゴをあわせて25個購入した．代金は2000円であった．それぞれ何個購入したか．

(答え)

(1) 17, 3　(2) 7, 3　(3) 10, 15

和差算・分配算

【例題66】次の問いに答えなさい．

(1) 和が25，差は3である大小2つの数がある．2数をそれぞれもとめなさい．

(2) AはBより3大きく，BはCより2大きい．3数の和は31である．3数をそれぞれもとめなさい．

（解説）

(1) 線分図を書いて考える．

小さい方にそろえると，25 − 3 = 22．

22 ÷ 2 = 11(小)．11 + 3 = 14(大)．

(2) 小さい方にそろえると，

31 − (2 + 3) − 2 = 24．24 ÷ 3 = 8(C)．

8 + 2 = 10(B)．10 + 3 = 13(A)．

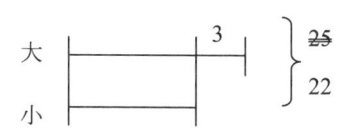

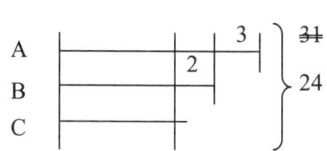

【練習66】次の問いに答えなさい．

(1) 和が30，差は4である大小2つの数がある．2数をそれぞれもとめなさい．

(2) 和が63，差は13である大小2つの数がある．2数をそれぞれもとめなさい．

(3) AはBより20大きく，BはCより30大きい．3数の和は230である．3数をそれぞれもとめなさい．

(4) AはBより3大きく，BはCより6大きい．3数の和は39である．3数をそれぞれもとめなさい．

（答え）

(1) 大17, 小13　(2) 大38, 小25　(3) A:100, B:80, C:50　(4) A:17, B:14, C:8

比例配分の応用

【例題67】A君とB君の持っているおこづかいの比は5:3で，その差は400である．2人はそれぞれいくら持っているか．

（解説）

線分図を書いて考える．

A君，B君のおこづかいをそれぞれ⑤，③とすると，400円が②となる．

400÷2=200→①

したがって，A君のおこづかいは，200×⑤=1000(円)．

B君のおこづかいは，200×③=600(円)．

【練習67】次の問いに答えなさい．

(1) A君とB君の持っているおこづかいの比は10:7で，その差は1500円である．2人はそれぞれいくら持っているか．

(2) A君とB君の持っているおこづかいの比は5:3で，AからBに200円渡すと，3:5になった．2人はそれぞれいくら持っているか．

（答え）

(1) 5000円と3500円　(2) 500円と300円

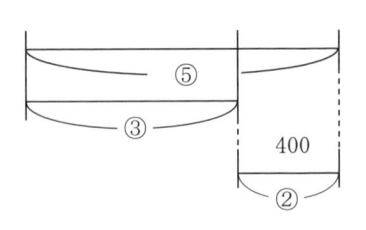

相当算①

【例題 68】持っていたお金の $\frac{3}{5}$ を使ったら，4500 円残った．はじめにいくら持っていたか．

（解説）

◎ポイント〜相当算

①＝そろったところで　上 ÷ 下

※線分図では　実数→上，割合→下　に書くこと

4500 円は，$1-\frac{3}{5}=\frac{2}{5}$ （割合）

に相当するから，

$4500 \div \frac{2}{5} = 11250$ （円）…①（全体）．

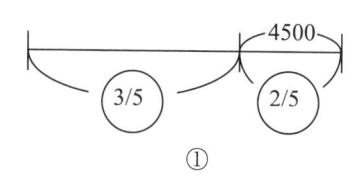

【練習 68】次の問いに答えなさい．

(1) 持っていたお金の $\frac{7}{9}$ を使ったら，2000 円残った．初めにいくら持っていたか．

(2) 持っていたお金の $\frac{5}{8}$ を使ったら，600 円残った．初めにいくら持っていたか．

（答え）

(1) 9000 円　(2) 1600 円

相当算②

【例題69】持っていたお金の $\frac{3}{8}$ で本を買い, 残りの $\frac{3}{10}$ を貯金したら, 875円残った. はじめにいくら持っていたか.

（解説）

◎ポイント～相当算（2段, 3段になっても同じことを繰り返す）

①＝そろったところで　上 ÷ 下

※線分図では　実数→上, 割合→下　に書くこと

線分図を書く.

本を買った残り全体を $\boxed{1}$ とおくと,

$\boxed{\frac{7}{10}}$＝875(円), 875÷$\boxed{\frac{7}{10}}$＝1250…$\boxed{1}$

また, 1250＝ $\frac{5}{8}$ であるから

1250÷ $\frac{5}{8}$ ＝2000(円)…①

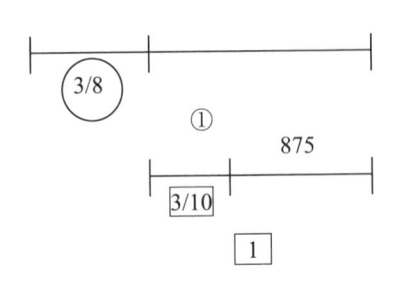

【練習69】次の問いに答えなさい.

(1) 持っていたお金の $\frac{3}{5}$ で本を買い, 残りの $\frac{7}{10}$ を貯金したら, 600円残った. はじめにいくら持っていたか.

(2) 持っていたお金の $\frac{5}{9}$ で本を買い, 残りの $\frac{3}{8}$ を貯金したら, 2500円残った. はじめにいくら持っていたか.

（答え）

(1) 5000円　(2) 9000円

差集め算

【例題70】生徒に鉛筆を配るのに，5本ずつ配ると3本余り，7本ずつ配ると11本不足する．鉛筆の本数と生徒の人数をもとめなさい．

（解説）

◎ポイント～差集め算

余りは「貯金」，不足は「借金」と考えよう

その差は？

5本ずつ配るのと7本ずつ配るのとでは，差が 3+11=14(本)．

1人につき，7−5=2(本) の差が生じるから，生徒の人数は，14÷2=7(人)．

鉛筆の本数は，7×5+3=38(本)．

【練習70】次の問いに答えなさい．

(1) 生徒に鉛筆を配るのに，3本ずつ配ると8本余り，6本ずつ配ると10本不足する．鉛筆の本数と生徒の人数をもとめなさい．

(2) 生徒に鉛筆を配るのに，2本ずつ配ると16本余り，6本ずつ配ると4本余る．鉛筆の本数と生徒の人数をもとめなさい．

(3) 生徒に鉛筆を配るのに，5本ずつ配ると3本不足，8本ずつ配ると12本不足する．鉛筆の本数と生徒の人数をもとめなさい．

（答え）

(1) 6人, 26本　(2) 3人, 22本　(3) 3人, 12本

流水算

【例題71】 A, B 両地点は 1000m はなれている．この2地点を 30m/分の速さのボートに乗って往復する．川の流れは 10m/分である．次の問いに答えなさい．

(1) 上りにかかった時間をもとめなさい．

(2) 下りにかかった時間をもとめなさい．

(3) 往復にかかった時間をもとめなさい．

(解説)

◎ポイント～流水算

(上りの速さ) = (ボートの速さ) − (川の流れの速さ)

(下りの速さ) = (ボートの速さ) + (川の流れの速さ)

(1) 1000÷(30−10)=50(分)．

(2) 1000÷(30+10)=25(分)．

(3) 50+25=75(分)．

【練習71】 A, B 両地点は 3600m はなれている．この2地点を 70m/分の速さのボートに乗って往復する．川の流れは 10m/分である．次の問いに答えなさい．

(1) 上りにかかった時間をもとめなさい．

(2) 下りにかかった時間をもとめなさい．

(3) 往復にかかった時間をもとめなさい．

(答え)

(1) 60 分　(2) 45 分　(3) 105 分

旅人算

【例題 72】 1周 1000m の池の周りを A 君が 30m/分, B 君が 10m/分で同じところを出発した. 次のそれぞれの場合について 2 人が出会うまでにかかる時間をもとめなさい.

(1) 2 人が同方向に歩く.
(2) 2 人が逆方向に歩く.

(解説)

◎ポイント〜旅人算

旅人算では
① 2 人が同方向に進む場合
　　（追いつくまでにかかる時間）＝（2 人の距離）÷（2 人の速さの差）
② 2 人が逆方向に進む場合
　　（出会うまでにかかる時間）　＝（2 人の距離）÷（2 人の速さの和）

(1) 1000÷(30−10)=50(分).
(2) 1000÷(30+10)=25(分).

【練習 72】 1周 1000m の池の周りを A 君が 30m/分, B 君が 70m/分で同じところを出発した. 次のそれぞれの場合について 2 人が出会うまでにかかる時間をもとめなさい.

(1) 2 人が同方向に歩く.
(2) 2 人が逆方向に歩く.

(答え)

(1) 25 分　(2) 10 分

通過算①

【例題 73】長さ 100m, 速さ 10m/秒の列車が, 1000m のトンネルを通過するのにかかる時間をもとめなさい.

（解説）

◎ポイント〜通貨算①

トンネルを列車が通過するとき
　　　（通過にかかる時間）＝（列車の長さ＋トンネルの長さ）÷（列車の速さ）

(100+1000)÷10=110(秒).

【練習 73】下記の列車が 2000m のトンネルを通過するのにかかる時間をもとめなさい.

(1) 長さ 100m, 速さ 70m/秒

(2) 長さ 300m, 速さ 20m/秒

(3) 長さ 100m, 速さ 35m/秒

(4) 長さ 500m, 速さ 50m/秒

（答え）

(1) 30 秒　(2) 115 秒　(3) 60 秒　(4) 50 秒

通過算②

【例題74】長さ100mで速さ10m/秒の列車Aと, 長さ200mで速さ15m/秒の列車Bがある.

(1) すれ違いにかかる時間をもとめなさい.

(2) 追い越しにかかる時間をもとめなさい.

(解説)

◎ポイント〜通貨算②

すれ違い, 追い越し

　（すれ違いにかかる時間）＝（2列車の長さの和）÷（2列車の速さの和）

　（追い越しにかかる時間）＝（2列車の長さの和）÷（2列車の速さの差）

(1) (100+200)÷(10+15)=12(秒).

(2) (100+200)÷(15−10)=60(秒).

【練習74】下記の2列車がすれ違いにかかる時間と追い越しにかかる時間をそれぞれもとめなさい.

(1) A:長さ50m, 速さ20m/秒, B:長さ100m, 速さ30m/秒

(2) A:長さ100m, 速さ30m/秒, B:長さ400m, 速さ20m/秒

(答え)

(1) 3秒, 15秒　(2) 10秒, 50秒

時計算①

【例題75】3時台で,長針と短針が重なる時刻は何時何分か.

(解説)

◎ポイント〜時計算①

分数のまま覚えよう!

長針の速さ:6度/分

短針の速さ:$\frac{1}{2}$度/分

速さの差:$\frac{11}{2}$度/分　→分数のままで!

3時ちょうどでの長針と短針の作る角度は90度.

$90 \div \frac{11}{2} = 16\frac{4}{11}$(分).よって,3時$16\frac{4}{11}$分.

【練習75】次の問いに答えなさい.

(1) 1時台で,長針と短針が重なる時刻は何時何分か.

(2) 2時台で,長針と短針が重なる時刻は何時何分か.

(3) 4時台で,長針と短針が重なる時刻は何時何分か.

(4) 5時台で,長針と短針が重なる時刻は何時何分か.

(5) 6時台で,長針と短針が重なる時刻は何時何分か.

(6) 7時台で,長針と短針が重なる時刻は何時何分か.

(答え)

(1) 1時$5\frac{5}{11}$分　(2) 2時$10\frac{10}{11}$分　(3) 4時$21\frac{9}{11}$分　(4) 5時$27\frac{3}{11}$分

(5) 6時$32\frac{8}{11}$分　(6) 7時$38\frac{2}{11}$分

時計算②

【例題76】3時台で，長針と短針の角度が180度になる時刻は何時何分か．

（解説）

◎ポイント〜時計算②

①指定された状態になるには，長針が短針より何度多く進めばよいかを調べる．
②その後は，旅人算で．

長針はまず90度追いつき，そこからさらに180度引き離さなければならない．つまり，長針が短針よりも，90+180=270(度) 多く進めばよいことになる．

$270 \div \frac{11}{2} = 49\frac{1}{11}$（分）かかる．したがって，3時$49\frac{1}{11}$分 となる．

【練習76】次の問いに答えなさい．

(1) 1時台で，長針と短針の角度が180度になる時刻は何時何分か．

(2) 4時台で，長針と短針の角度が180度になる時刻は何時何分か．

(3) 5時台で，長針と短針の角度が90度になる時刻は何時何分か．

(4) 6時台で，長針と短針の角度が90度になる時刻は何時何分か．

(5) 8時台で，長針と短針の角度が60度になる時刻は何時何分か．

(6) 9時台で，長針と短針の角度が180度になる時刻は何時何分か．

（答え）

(1) 1時$38\frac{2}{11}$分　(2) 4時$54\frac{6}{11}$分　(3) 5時$10\frac{10}{11}$分, $43\frac{7}{11}$分

(4) 6時$16\frac{4}{11}$分, $49\frac{1}{11}$分　(5) 8時$32\frac{8}{11}$分, $54\frac{6}{11}$分　(6) 9時$16\frac{4}{11}$分

速さと比

【例題 77】同じ道のりを A は 1 時間 40 分, B は 2 時間 40 分で歩く. この速さで B が 12km 歩く間に, A は何 km 歩くか.

（解説）

◎ポイント～速さと比

> 逆比
> 速さの比　⇔　かかった時間の比

時間の単位を分になおし, 比をとると, 100:160=5:8.

この逆比が速さの比であるから, 速さの比は, 8:5 である.

また, 速さの比と距離の比は等しいから, 8:5=x:12.

内項の積＝外項の積より, $x=19.2\,(km)$.

【練習 77】次の問いに答えなさい.

(1) 同じ道のりを A は 1 時間 20 分, B は 2 時間 40 分で歩く. この速さで B が 14km 歩く間に, A は何 km 歩くか.

(2) 同じ道のりを A は 2 時間 30 分, B は 6 時間 40 分で歩く. この速さで A が 8km 歩く間に, B は何 km 歩くか.

（答え）

(1) $28km$　　(2) $3km$

平均（面積図）

【例題78】ある会社の入社試験では，合格者の平均点が80点，不合格者の平均点が50点であった．合格者と不合格者の人数の比が3:2だとすると，全員の平均点は何点であるか．

（解説）

◎ポイント～平均

平均＝得点の合計/全体の人数

面積図で考える．

点線の得点が平均点である．

よって，68点．

（斜線の部分の面積は等しい）

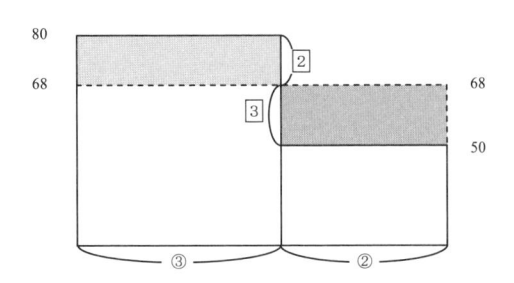

【練習78】次の問いに答えなさい．

(1) ある会社の入社試験では，合格者の平均点が80点，不合格者の平均点が50点であった．合格者と不合格者の人数の比が7:3だとすると，全員の平均点は何点であるか．

(2) ある会社の入社試験では，合格者の平均点が60点，不合格者の平均点が30点であった．合格者と不合格者の人数の比が2:3だとすると，全員の平均点は何点であるか．

（答え）

(1) 71　　(2) 42

仕事算

【例題79】ある仕事を仕上げるのに，A君だけでやると8日かかり，B君だけでやると4日かかる．2人でやれば何日で仕上がるか．

（解説）

◎ポイント〜仕事算

仕事全体を1とする

仕事全体を1とすると，A, Bはそれぞれ1日で$\frac{1}{8}, \frac{1}{4}$の仕事をする.

したがって，$1 \div \left(\frac{1}{8} + \frac{1}{4}\right) = 2\frac{2}{3}$. 2+1=3（日）.

【練習79】次の問いに答えなさい．

(1) ある仕事を仕上げるのに，A君だけでやると2日かかり，B君だけでやると3日かかる．2人でやれば何日で仕上がるか．

(2) ある仕事を仕上げるのに，A君だけでやると4日かかり，B君だけでやると5日かかる．2人でやれば何日で仕上がるか．

(3) ある仕事を仕上げるのに，A君だけでやると4日かかり，B君だけでやると8日かかり，C君だけでやると8日かかる．3人でやれば何日で仕上がるか．

（答え）

(1) 2日　(2) 3日　(3) 2日

食塩水の混合

【例題80】2つの容器 A, B がある．A には 20%の食塩水 100g, B には 10%の食塩水 200g が入っている．いま，A から B に 50g 移し，よくかき混ぜて B から A に 50g 移した．このとき，A, B の濃度をそれぞれもとめなさい．

（解説）

◎ポイント〜食塩水の混合

① 食塩水の混合　複雑なときは流れ図を使う．カッコ内に食塩を記入する．
② 食塩水公式復習　食塩水濃度(%)＝食塩／食塩水 ×100%
　　　　　　　食塩　　＝食塩水濃度(割合)×食塩水
　　　　　※食塩水＝食塩＋水

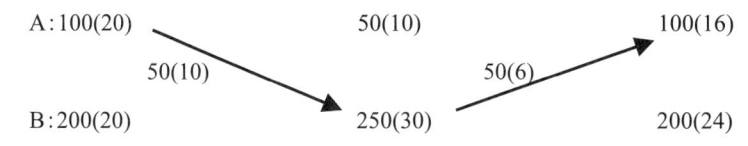

```
A : 100(20)            50(10)              100(16)
         ＼                    ／
          50(10)         50(6)
         ／                    ＼
B : 200(20)            250(30)             200(24)
```

A: $16/100 \times 100 = 16(\%)$.

B: $24/200 \times 100 = 12(\%)$.

【練習80】次の問いに答えなさい．

(1) 2つの容器 A, B がある．A には 10%の食塩水 100g, B には 20%の食塩水 200g が入っている．いま，A から B に 50g 移し，よくかき混ぜて B から A に 50g 移した．このとき，A, B の濃度をそれぞれもとめなさい．

(2) 2つの容器 A, B がある．A には 10%の食塩水 300g, B には 20%の食塩水 200g が入っている．いま，A から B に 100g 移し，よくかき混ぜて B から A に 100g 移した．このとき，A, B の濃度をそれぞれもとめなさい．

（答え）

(1) A: 14%, B: 18%　(2) A: $\dfrac{110}{9}$%,　B: $\dfrac{50}{3}$%

最短経路

【例題81】 下の図で，AからBまで行くための最短経路は何通りあるか．

(解説) すべて最短経路を書きこんでいく．

	1	3	6	10
	1	2	3	4
A	1	1	1	→10通り．

【練習81】 下の図で，左下から右上まで行くための最短経路は何通りあるか．

(1)

(2)

(3)

(4)

(答え)

(1) 20　(2) 35　(3) 56　(4) 70

最大公約数・最小公倍数②

【例題82】ある最大公約数が6, 最小公倍数が240である2ケタの2数をもとめなさい．

（解説）

◎ポイント〜最大公約数・最小公倍数の応用

> 2数を $A = aG$, $B = bG$ （G は最大公約数）とおく．
>
> $\therefore$ 最小公倍数 $L = abG$
>
> これをもとに，互いに素である2数 a, b をもとめる．

2数を $A = 6a$, $B = 6b$ （a, b は互いに素である）とおける．

最小公倍数 $240 = 6ab$. $ab = 40$.

互いに素である a, b 組み合わせは1と40, 5と8である．このうち, 2数とも2ケタとなる組み合わせは5と8であり，その結果，$A = 30$, $B = 48$.

したがって，30と48がもとめる2ケタの2数である．

【練習82】次の問いに答えなさい．

(1) ある最大公約数が8, 最小公倍数が120である2ケタの2数をもとめなさい．

(2) ある最大公約数が5, 最小公倍数が175である2ケタの2数をもとめなさい．

（答え）

(1) 24と40 (2) 25と35

記号による演算

【例題83】次の問いに答えなさい．

(1) $a \circ b = \dfrac{a+b}{4}$ と約束するとき，$(12 \circ 4) \circ 8$ をもとめなさい．

(2) $a * b = 6ab$ と約束するとき，$x*(x*3) = 4*x$ となる x をもとめなさい．

(解説)

◎ポイント〜仕事算

仕事全体を1とする

(1) $12 \circ 4 = \dfrac{12+4}{4} = 4.$ $4 \circ 8 = \dfrac{4+8}{4} = 3.$

(2) $x*3 = 6 \times x \times 3 = 18x.$

(左辺) $= x*18x = 6 \times x \times 18x = 108x^2.$

(右辺) $= 4*x = 6 \times 4 \times x = 24x.$

$\therefore 108x^2 = 24x.$ $x = 0, \dfrac{2}{9}.$

【練習83】次の問いに答えなさい．

(1) $A \triangle B = A \times B + (A-B) \div 2$ と約束するとき，$5 \triangle (3 \triangle 1)$ をもとめなさい．

(2) $A*B = A \times B - B$ と約束するとき，$3*x = 7*2-x$ となる x をもとめなさい．

(答え)

(1) 20.5　(2) 4

分数の性質

【例題 84】次の問いに答えなさい．

(1) $\frac{2}{7}$ より大きく，$\frac{1}{3}$ より小さい分数で，分母が 13 になる既約分数はいくつあるか．

(2) 分子と分母の差が 42 で約分すると $\frac{7}{9}$ になる分数をもとめなさい．

（解説）

◎ポイント～既約分数とは

これ以上，約分できない分数

(1) $\frac{2}{7} < \frac{x}{13} < \frac{1}{3}$ (x は整数) を通分すると，$\frac{78}{273} < \frac{x \times 21}{13 \times 21} < \frac{91}{273}$．

これをみたす整数は，$x = 4$ のみ．したがって，1 つ．

(2) もとめる分数を，$\frac{7 \times x}{9 \times x}$ とおくと，$9x - 7x = 2x = 42$．$x = 21$．

よって，もとめる分数は，$\frac{7 \times 21}{9 \times 21} = \frac{147}{189}$．

【練習 84】次の問いに答えなさい．

(1) $\frac{1}{3}$ より大きく，$\frac{7}{10}$ より小さい分数で，分母が 15 になる既約分数はいくつあるか．

(2) 分子と分母の差が 24 で約分すると $\frac{5}{8}$ になる分数をもとめなさい．

（答え）

(1) 2 (2) $\frac{40}{64}$

虫食い算

【例題85】 ア, イ の数をもとめなさい．

(1)
```
        4 □
    ×   □ 6
    ─────────
        □ □ 8
    3 □ 6
    ─────────
    3 ア □ 8
```

(2)
```
              3 □
       ┌──────────
    2□8) 9 4 イ 2
           □ □ □
           ─────────
           1 1 □ □
               □ □ □ □
               ─────────
                       0
```

（解説）

(1) ア =6　　(2) イ =5

```
        4 8
    ×   7 6
    ─────────
        2 8 8
    3 3 6
    ─────────
    3 6 4 8
```

```
              3 4
       ┌──────────
    2 7 8) 9 4 5 2
             8 3 4
             ─────────
             1 1 1 2
             1 1 1 2
             ─────────
                     0
```

【練習85】 ア, イ の数をもとめなさい．

(1)
```
        2 5 □
    ×     □ 7
    ─────────
      1 □ □ 6
    ア □ □
    ─────────
      □ □ 6 6
```

(2)
```
              2 □
       ┌──────────
    2□8) 5 □ □ イ
           □ 7 □
           ─────────
             9 5 □
             □ □ □
             ─────────
                     0
```

（答え）

(1) 5　(2) 2

第4章 図　　形

正N角形

【例題86】正五角形の1つの内角の大きさ，1つの外角の大きさ，対角線の本数をもとめなさい．

（解説）

◎ポイント～正N角形

①内角和	$180(N-2)$ 度
②外角和	360 度
③対角線	$\dfrac{1}{2}N(N-3)$ 本

公式より，内角和は $180(5-2)=540$(度)．$540 \div 5 = 108$(度)…内角．

$360 \div 5 = 72$(度)…外角．

$\dfrac{1}{2} \times 5(5-3) = 5$(本)…対角線．

【練習86】以下の図形の，1つの内角の大きさ，1つの外角の大きさ，対角線の本数をもとめなさい．

(1) 正六角形　　　　　　(4) 正九角形

(2) 正七角形　　　　　　(5) 正十角形

(3) 正八角形

（答え）

それぞれ内角の大きさ，外角の大きさ，対角線の本数の順に

(1) 120, 60, 9　　(2) $\dfrac{900}{7}, \dfrac{360}{7}, 14$　　(3) 135, 45, 20　　(4) 140, 40, 27

(5) 144, 36, 35

内分点・外分点

【例題87】点 $A\,(2,\,5)$, 点 $B\,(-3,\,16)$ を 2:3 に内分する点と外分する点の座標をそれぞれもとめなさい．

（解説）

◎ポイント〜内分点・外分点

点 $A(x_1, y_1)$ と点 $B(x_2, y_2)$ を $m:n$ に

①内分する点の座標 $\left(\dfrac{mx_2 + nx_1}{m+n},\, \dfrac{my_2 + ny_1}{m+n}\right)$

②外分する点の座標 $\left(\dfrac{mx_2 - nx_1}{m-n},\, \dfrac{my_2 - ny_1}{m-n}\right)$

公式通り．

内分点. $\left(\dfrac{2\cdot(-3)+3\cdot 2}{2+3},\, \dfrac{2\cdot 16+3\cdot 5}{2+3}\right) = \left(0,\, \dfrac{47}{5}\right)$.

外分点. $\left(\dfrac{2\cdot(-3)-3\cdot 2}{2-3},\, \dfrac{2\cdot 16-3\cdot 5}{2-3}\right) = (12,\, -17)$.

【練習87】次の問いに答えなさい．

(1) 点 $A\,(4,\,10)$, 点 $B\,(-3,\,-18)$ を 4:3 に内分する点と外分する点の座標をそれぞれもとめなさい．

(2) 点 $A\,(-8,\,3)$, 点 $B\,(10,\,6)$ を 1:3 に内分する点と外分する点の座標をそれぞれもとめなさい．

（答え）

それぞれ内分点，外分点の順に

(1) $(0,\,-6),\,(-24,\,-102)$　(2) $\left(-\dfrac{7}{2},\,\dfrac{15}{4}\right),\,\left(-17,\,\dfrac{3}{2}\right)$

縮尺

【例題88】次の問いに答えなさい.

(1) 5万分の1の地図上で$2cm^2$の畑がある. 実際の面積(km^2)をもとめなさい.

(2) $2500\,m^2$の畑がある. 5万分の1の地図上での面積(cm^2)をもとめなさい.

（解説）

◎ポイント〜縮尺

> 地図上での面積比は縮尺(相似比)の2乗になる

(1) $2(cm^2) \times 50000^2 = 5000000000(cm^2) = 500000(m^2) = 0.5(km^2)$.

(2) $2500(m^2) = 25000000(cm^2)$. $25000000(cm^2) \div 50000^2 = 0.01(cm^2)$.

【練習88】次の問いに答えなさい.

(1) 5万分の1の地図上で$3cm^2$の畑がある. 実際の面積(km^2)をもとめなさい.

(2) 10万分の1の地図上で$2cm^2$の畑がある. 実際の面積(km^2)をもとめなさい.

(3) 2万5千分の1の地図上で$2cm^2$の畑がある. 実際の面積(km^2)をもとめなさい.

(4) $10000\,m^2$の畑がある. 5万分の1の地図上での面積(cm^2)をもとめなさい.

(5) $62500\,m^2$の畑がある. 5万分の1の地図上での面積(cm^2)をもとめなさい.

(6) $10000\,m^2$の畑がある. 10万分の1の地図上での面積(cm^2)をもとめなさい.

（答え）

(1) 0.75 (2) 2 (3) 0.125 (4) 0.04 (5) 0.25 (6) 0.01

三平方の定理

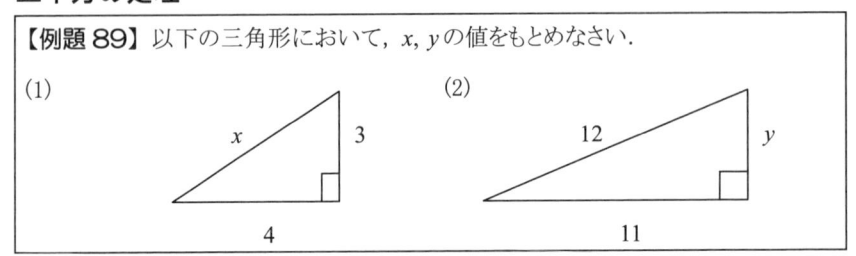

【例題89】 以下の三角形において, x, y の値をもとめなさい.

(1) 底辺4, 高さ3, 斜辺 x

(2) 底辺11, 高さ y, 斜辺12

（解説）

◎ポイント～三平方の定理

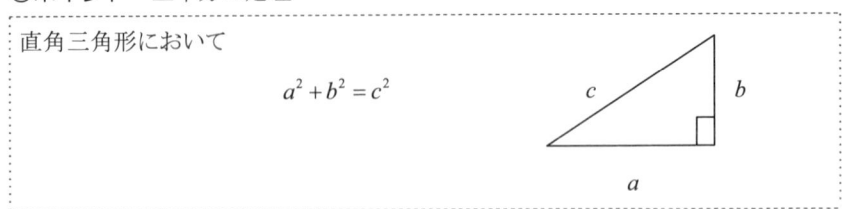

直角三角形において

$$a^2 + b^2 = c^2$$

公式に代入する.

(1) $4^2 + 3^2 = x^2$. $x = 5$.

(2) $11^2 + y^2 = 12^2$. $y = \sqrt{23}$.

【練習89】 以下の三角形において, x, y の値をもとめなさい.

(1) 底辺7, 斜辺10, 高さ x

(2) 底辺12, 斜辺13, 高さ y

（答え）

(1) $\sqrt{51}$　(2) 5

相似①

【例題90】以下の2つの三角形は相似形である．x, yの値をもとめなさい．

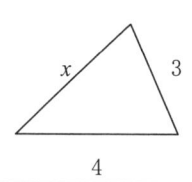

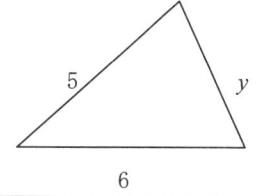

（解説）

◎ポイント〜相似形

相似形において
　①対応する角の大きさがすべて等しい
　②対応する辺の比がすべて等しい

2つの三角形の相似比は，4:6=2:3 である．

したがって，$x:5 = 2:3$．(内項の積)=(外項の積)より，$x \times 3 = 5 \times 2$．$x = \dfrac{10}{3}$．

$3:y = 2:3$．(内項の積)=(外項の積)より，$3 \times 3 = y \times 2$．$y = \dfrac{9}{2}$．

【練習90】以下の2つの三角形は相似形である．x, yの値をもとめなさい．

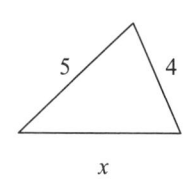

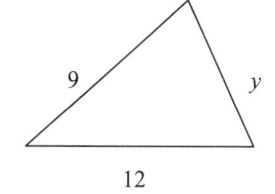

（答え）

$x = \dfrac{20}{3}$，$y = \dfrac{36}{5}$

相似②

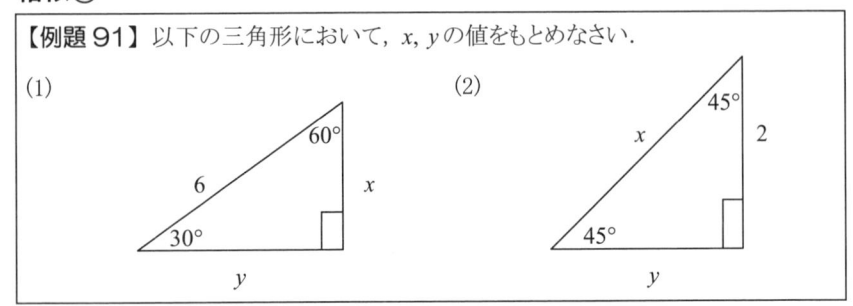

【例題91】 以下の三角形において，x, y の値をもとめなさい．

(1) 30°–60°直角三角形，斜辺6，高さx，底辺y

(2) 45°–45°直角三角形，斜辺x，一辺2，底辺y

（解説）

◎ポイント～覚えておこう！（基本の三角形）

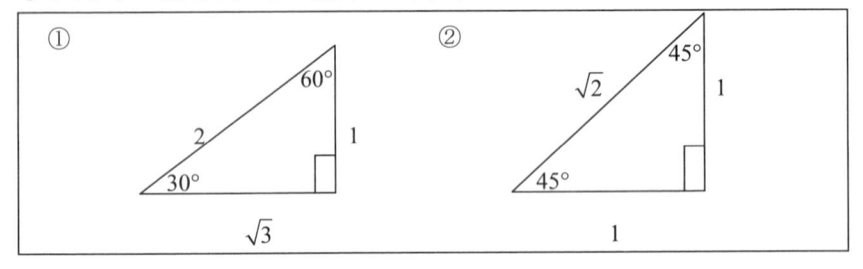

① 30°–60°直角三角形：斜辺2，高さ1，底辺$\sqrt{3}$

② 45°–45°直角三角形：斜辺$\sqrt{2}$，一辺1，底辺1

(1) 各辺は，ポイント①の三角形の3倍であるから，

$x = 1 \times 3 = 3$．　$y = \sqrt{3} \times 3 = 3\sqrt{3}$．

(2) 各辺は，ポイント②の三角形の2倍であるから，

$x = \sqrt{2} \times 2 = 2\sqrt{2}$．　$y = 1 \times 2 = 2$．

【練習91】 以下の三角形それぞれにおいて，x, y の値をもとめなさい．

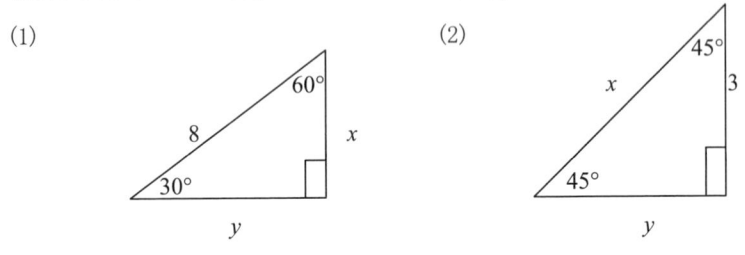

(1) 30°–60°直角三角形，斜辺8，高さx，底辺y

(2) 45°–45°直角三角形，斜辺x，一辺3，底辺y

（答え）

(1) $x = 4, \ y = 4\sqrt{3}$　(2) $x = 3\sqrt{2}, \ y = 3$

三角形の底辺分割

【例題92】 右図のように分割された三角形の面積比をもとめなさい．

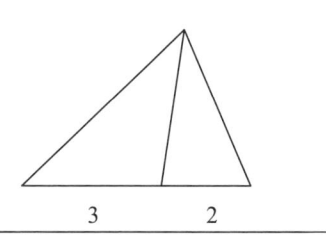

（解説）

◎ポイント〜底辺分割

$\triangle ABD : \triangle ACD = a : b$

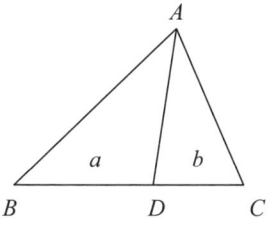

ポイント通り．3:2．

【練習92】 次のそれぞれの場合において，$\triangle ABD : \triangle ACD$ をもとめなさい．

(1) $a : b = 8 : 14$

(2) $a : b = 2.8 : 1.6$

(3) $a : b = \dfrac{1}{8} : \dfrac{1}{5}$

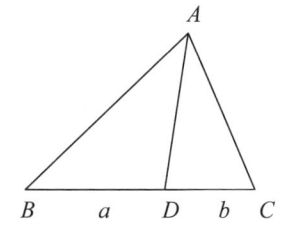

（答え）

(1) 4:7　(2) 7:4　(3) 5:8

三角形の斜めの高さ

【例題93】

△ABC と △DBE の面積比をもとめなさい．

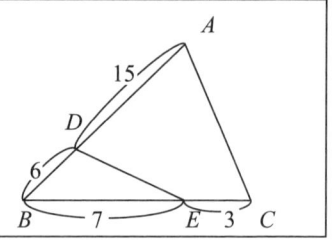

（解説）

◎ポイント〜斜めの高さ

　　　三角形どうしの面積比を計算するときは，斜めの高さを用いてよい

$21 \times 10 : 6 \times 7 = 5 : 1$.

【練習93】 次の問いに答えなさい．

(1) △ABC と △DBE の面積比をもとめなさい．

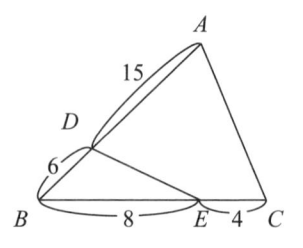

(2) △ABC と △ADE の面積比をもとめなさい．

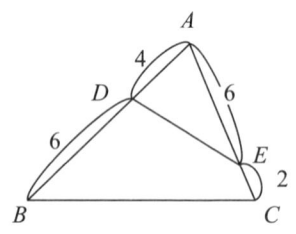

（答え）

(1) 21:4　(2) 10:3

角度①

【例題94】 下図における角度 x, y, z をそれぞれもとめなさい．

(1) 30°, $x°$, 60°
(2) y, 38°, 76°
(3) $z°$, 30°, 40°, 60°

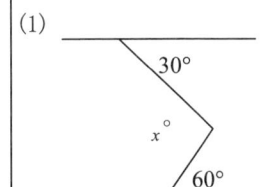

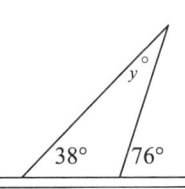

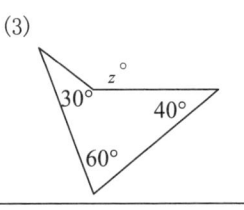

(解説)

◎ポイント～平行線

錯角は等しい　　　　同位角は等しい

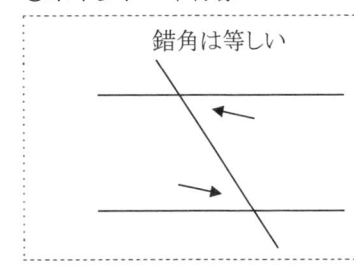

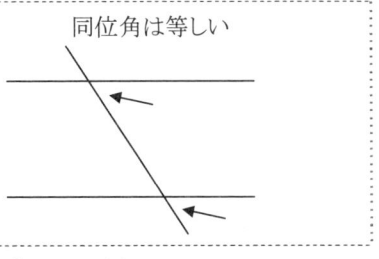

(1) 補助線を引く 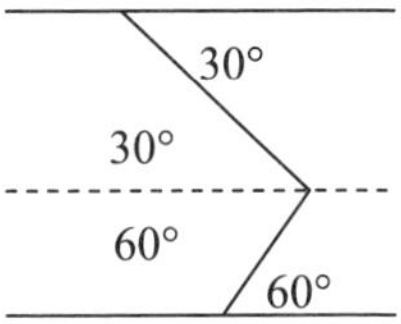　　30°, 30°, 60°, 60°
$x = 30 + 60 = 90$.

(2) 外角は内対角の和
$38 + y = 76$
$y = 38$.

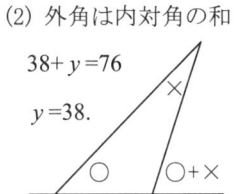

(3) $z = 30 + 60 + 40 = 130$.

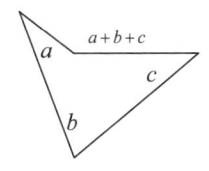

【練習94】 下図における角度 x, y, z をそれぞれもとめなさい．

(1) 45°, $x°$, 70°
(2) 20°, 150°, $y°$
(3) 160°, $z°$, 30°, 70°

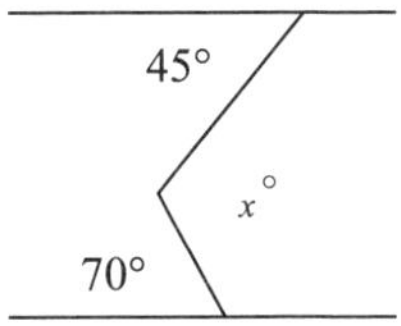

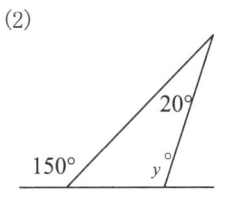

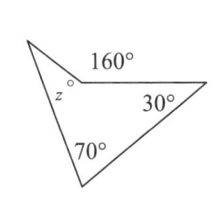

(答え)

(1) 115　(2) 130　(3) 60

角度②

【例題 95】 下図における角度 x, y, z をそれぞれもとめなさい．

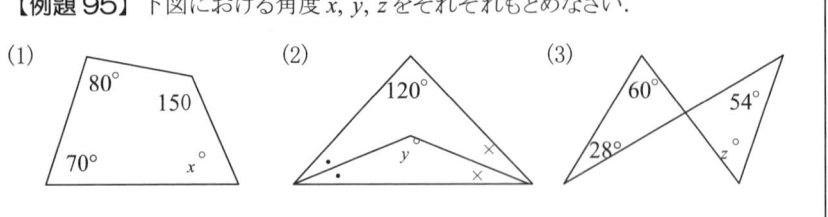

(1) (2) (3)

(解説)

(1) 四角形の内角和は 360 度であるから，$x = 360 - (80+70+150) = 60$．

(2) $y = 180 - (180 - 120) \div 2 = 150$．

(3) $z = (60+28) - 54 = 34$．

【練習 95】 下図における角度 x, y, z をそれぞれもとめなさい．

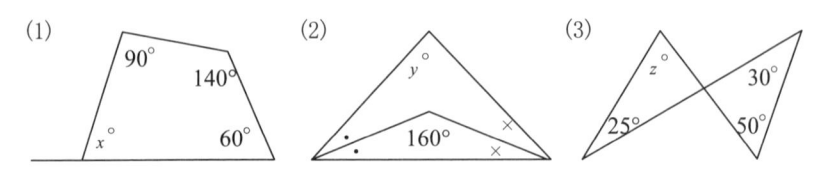

(1) (2) (3)

(答え)

(1) 70 (2) 140 (3) 55

円周角

【例題96】 下図における角度 x, y をそれぞれもとめなさい．

(1) 円の図：x°, 120°

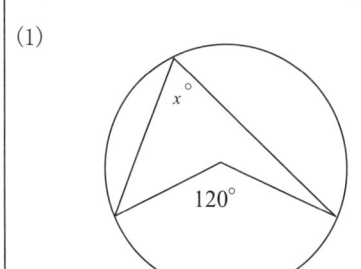

(2) 円の図：30°, y°

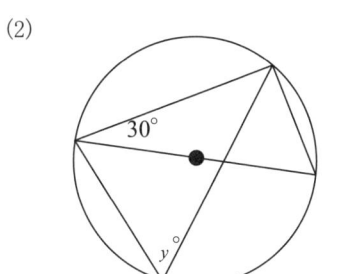

（解説）

◎ポイント〜円周角

円周角は中心角の半分である

$$y = \frac{1}{2}x$$

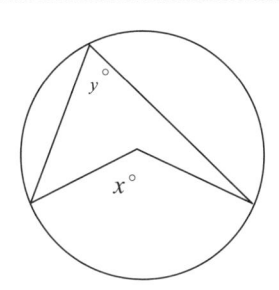

(1) 公式通り．x=120÷2=60．

(2) 直径が作る円周角は 90°である．180−30−90=60．円周角は等しいから，y=60．

【練習96】 下図における角度 x, y をそれぞれもとめなさい．

(1) 円の図：x°, 150°

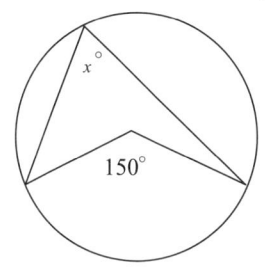

(2) 円の図：25°, y°

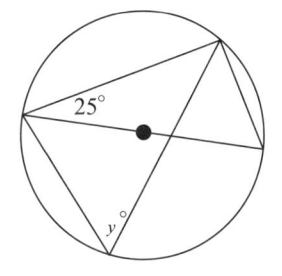

（答え）

(1) 75　(2) 65

円に内接する四角形

【例題97】下図における角度 x をもとめなさい．

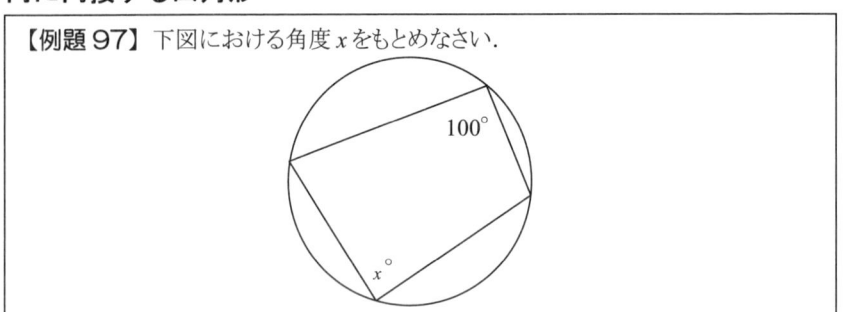

（解説）

◎ポイント〜円に内接する四角形

① 四角形の内対角の和は 180°である．（$x+y=180$）

② 四角形の1つの内角と対角の外角は等しい．（$x=z$）

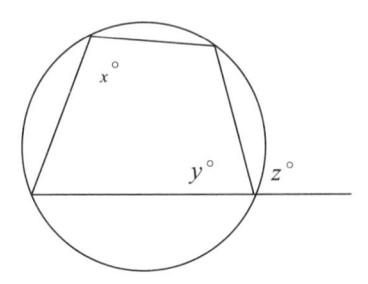

ポイント通り．$x=180-100=80$．

【練習97】下図における角度 x, y をそれぞれもとめなさい．

(1) (2)

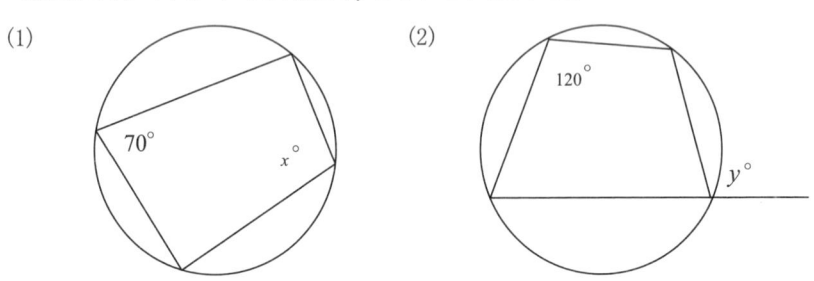

（答え）(1) 110 (2) 120

接弦定理

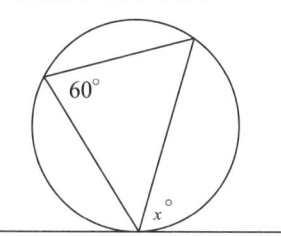

【例題98】 下図における角度 x をもとめなさい．

（解説）

◎ポイント〜接弦定理

円の接線とその接点を通る弦の作る角は，その角の内部にある孤に対する円周角に等しい．

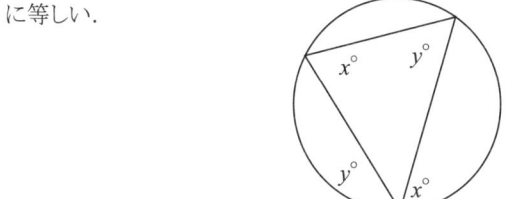

ポイント通り．$x = 60$．

【練習98】 下図における角度 x, y をそれぞれもとめなさい．

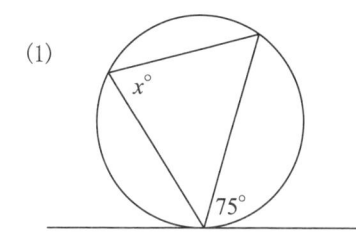

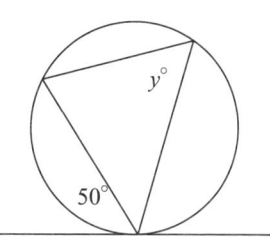

(1)

(2)

（答え）

(1) 75　(2) 50

平行線①

【例題99】下図において，x, yの値をもとめなさい．

(1) (2)

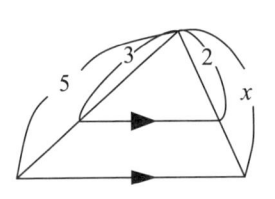

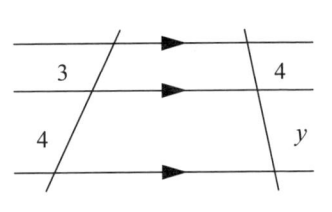

（解説）

◎ポイント～平行線と線分の比

$$a:b=c:d$$

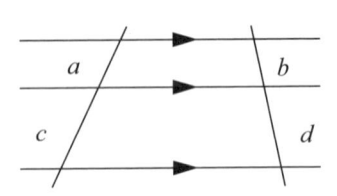

(1) $3:2=5:x$ より，$3x=10$, $x=\dfrac{10}{3}$.

(2) $3:4=4:y$ より，$3y=16$, $y=\dfrac{16}{3}$.

【練習99】下図において，x, yの値をもとめなさい．

(1) (2)

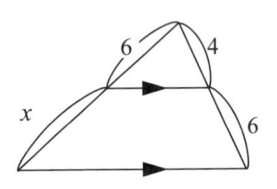

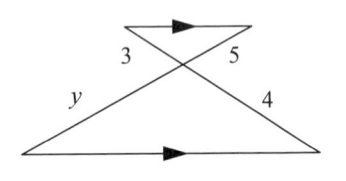

（答え）(1) 9 (2) $\dfrac{20}{3}$

平行線②

【例題100】下図において，xの値をもとめなさい．

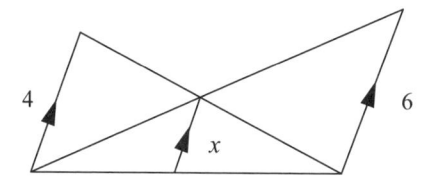

（解説）P.102の平行線と線分の比の定理より，以下のようになる．

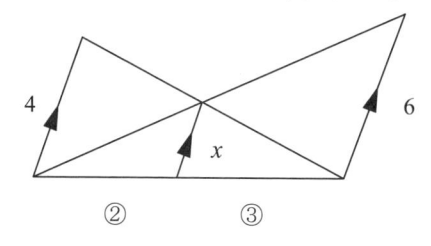

したがって，$x:6 = 2:(2+3)$．$\therefore 5x = 12, x = \dfrac{12}{5}$．

【練習100】下図において，xの値をもとめなさい．

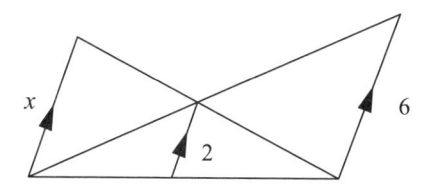

（答え）　3

面積応用

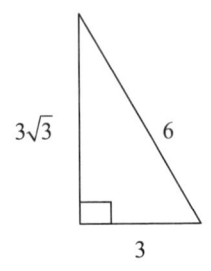

【例題101】 下図の面積をもとめなさい.

(1)円の面積(四角形は正方形)　　(2)正三角形の面積

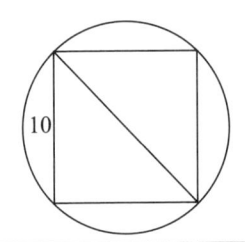

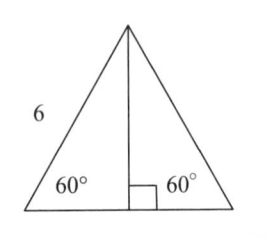

（解説）

(1)正方形の面積のもとめ方は, 2通りある.

①(一辺)×(一辺)=10×10=100

②(対角線)×(対角線)÷2

①＝②より, (対角線)×(対角線)÷2=100.

∴(対角線)×(対角線)=200.

円の面積は,

$\pi \times (半径) \times (半径) = \pi \times \{(対角線) \times \frac{1}{2}\} \times \{(対角線) \times \frac{1}{2}\}$

$= \pi \times \frac{1}{4} \times (対角線) \times (対角線) = \pi \times \frac{1}{4} \times 200 = 50\pi$.

(2)正三角形を半分に割ると, $1:2:\sqrt{3}$ の三角形であるから, 右図のようになる.

よって, 正三角形の底辺は6, 高さは $3\sqrt{3}$ である.

したがって, 正三角形の面積は,

$6 \times 3\sqrt{3} \times \frac{1}{2} = 9\sqrt{3}$.

【練習101】 下図の面積をもとめなさい．

(1) 円の面積（四角形は正方形）　　(2) 正三角形の面積

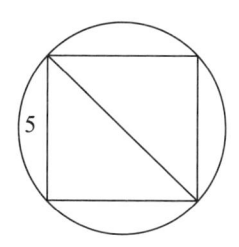

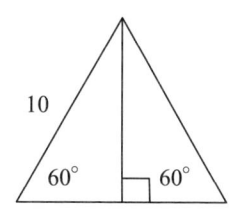

（答え）

(1) 12.5π　　(2) $25\sqrt{3}$

表面積①

【例題102】 右図の柱体の表面積と体積をもとめなさい．

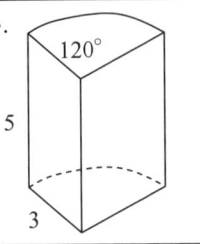

（解説）

◎ポイント〜柱体の表面積・体積

立体の表面積をもとめるには，展開図をかくこと

（柱の体積）＝（底面積）×（高さ）

底面の扇形の弧の長さは，$2\pi \times 3 \times \dfrac{120}{360} = 2\pi$．

底面と上面の扇形の面積合計は，

$\pi \times 3^2 \times \dfrac{120}{360} \times 2 = 6\pi$．

側面積は，$(3 + 2\pi + 3) \times 5 = 10\pi + 30$．

よって，もとめる表面積は，$6\pi + (10\pi + 30) = 16\pi + 30$．

体積は，$\pi \times 3^2 \times \dfrac{120}{360} \times 5 = 15\pi$．

【練習102】 右図の柱体の表面積と体積をもとめなさい．
（底面は半径2，中心角150°の扇形）

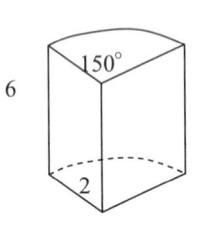

（答え）

表面積　$\dfrac{40}{3}\pi + 24$　，　体積　10π

表面積②

【例題103】 下図の円錐の表面積と体積をもとめなさい．

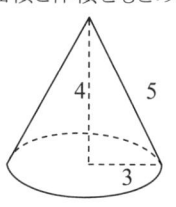

（解説）

◎ポイント～錐体の表面積・体積

> 立体の表面積を求めるには，展開図をかくこと
>
> （錐体の体積）＝（底面積）×（高さ）× $\frac{1}{3}$

$\dfrac{(半径)}{(母線)} = \dfrac{(中心角)}{360°}$ より，$\dfrac{(中心角)}{360°} = \dfrac{3}{5}$．

したがって，側面積は，$\pi \times 5^2 \times \dfrac{3}{5} = 15\pi$．

底面積は，$\pi \times 3^2 = 9\pi$．

よって，もとめる表面積は，$15\pi + 9\pi = 24\pi$．

体積は，$\pi \times 3^2 \times 4 \times \dfrac{1}{3} = 12\pi$．

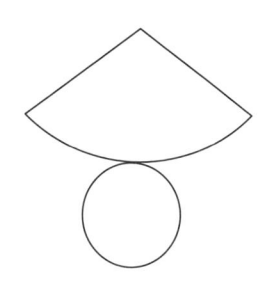

【練習103】 右図の円錐の表面積と体積をもとめなさい．

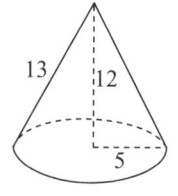

（答え）

表面積　90π ，体積　100π

回転体の体積

【例題104】 右の図形を直線 X を軸にして360°回転させた．できた立体の体積をもとめなさい．

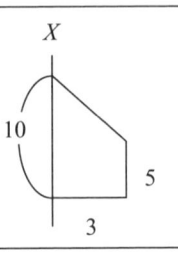

（解説）

◎ポイント〜体積の公式

$$(柱の体積) = (底面積) \times (高さ)$$

$$(錐体の体積) = (底面積) \times (高さ) \times \frac{1}{3}$$

円錐（上部）と円柱（下部）に分けて考える．

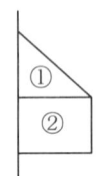

①円錐部分… $\pi \times 3^2 \times 5 \times \frac{1}{3} = 15\pi$

②円柱部分… $\pi \times 3^2 \times 5 = 45\pi$

よって，もとめる体積は，$15\pi + 45\pi = 60\pi$．

【練習104】 下の図形を直線 X を軸にして360°回転させた．できた立体の体積をもとめなさい．

(1)

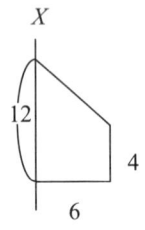

(2)

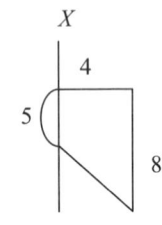

（答え）

(1) 240π (2) 112π

三角比

【例題105】次の値をもとめなさい．
(1) sin150°　　　(2) cos150°　　　(3) tan150°

（解説）

◎ポイント〜三角比

単位円（半径1の円）において，

$$\sin \ldots y \text{ 座標（たて）}$$
$$\cos \ldots x \text{ 座標（よこ）}$$
$$\tan \ldots y/x \ (\sin/\cos)$$

練習参照．

【練習105】次の表の空欄をうめなさい．

角度	0	30	45	60	90	120	135	150	180	210	225	240	270	300	315	330
sin																
cos																
tan																

（答え）

角度	0	30	45	60	90	120	135	150	180	210	225	240	270	300	315	330
sin	0	$\frac{1}{2}$	$\frac{1}{\sqrt{2}}$	$\frac{\sqrt{3}}{2}$	1	$\frac{\sqrt{3}}{2}$	$\frac{1}{\sqrt{2}}$	$\frac{1}{2}$	0	$-\frac{1}{2}$	$-\frac{1}{\sqrt{2}}$	$-\frac{\sqrt{3}}{2}$	-1	$-\frac{\sqrt{3}}{2}$	$-\frac{1}{\sqrt{2}}$	$-\frac{1}{2}$
cos	1	$\frac{\sqrt{3}}{2}$	$\frac{1}{\sqrt{2}}$	$\frac{1}{2}$	0	$-\frac{1}{2}$	$-\frac{1}{\sqrt{2}}$	$-\frac{\sqrt{3}}{2}$	-1	$-\frac{\sqrt{3}}{2}$	$-\frac{1}{\sqrt{2}}$	$-\frac{1}{2}$	0	$\frac{1}{2}$	$\frac{1}{\sqrt{2}}$	$\frac{\sqrt{3}}{2}$
tan	0	$\frac{1}{\sqrt{3}}$	1	$\sqrt{3}$	×	$-\sqrt{3}$	-1	$-\frac{1}{\sqrt{3}}$	0	$\frac{1}{\sqrt{3}}$	1	$\sqrt{3}$	×	$-\sqrt{3}$	-1	$-\frac{1}{\sqrt{3}}$

正弦定理

【例題106】△ABC において，
(1) $a=6, A=30°, B=45°$ のとき，b はいくらか．
(2) $c=3, B=75°, C=60°$ のとき，a はいくらか．

（解説）

◎ポイント～正弦定理

$$\frac{a}{\sin A} = \frac{b}{\sin B} = \frac{c}{\sin C} = 2R$$

（ただし，R は△ABC の外接円の半径）

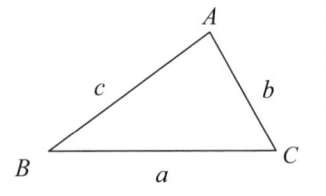

(1) $\dfrac{6}{\sin 30°} = \dfrac{b}{\sin 45°}$, $b = \dfrac{6}{\sin 30°} \times \sin 45° = 6\sqrt{2}$．

(2) $A = 180° - 75° - 60° = 45°$．$\dfrac{a}{\sin 45°} = \dfrac{3}{\sin 60°}$, $a = \dfrac{3}{\sin 60°} \times \sin 45° = \sqrt{6}$．

【練習106】△ABC において，
(1) $a=5, A=45°, C=30°$ のとき，c はいくらか．
(2) $b=6, B=120°, C=15°$ のとき，a はいくらか．

（答え）

(1) $\dfrac{5\sqrt{2}}{2}$ (2) $2\sqrt{6}$

余弦定理

【例題107】△ABC において，$b=10, c=16, A=60°$ のとき，a はいくらか．

（解説）

◎ポイント〜余弦定理

$$a^2 = b^2 + c^2 - 2bc\cos A$$
$$b^2 = c^2 + a^2 - 2ca\cos B$$
$$c^2 = a^2 + b^2 - 2ab\cos C$$

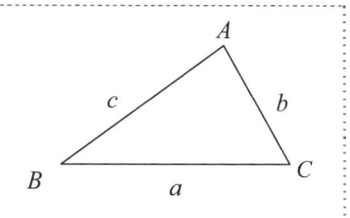

$a^2 = 10^2 + 16^2 - 2 \times 10 \times 16 \times \cos 60° = 196$．

$a>0$ より，$a = \sqrt{196} = 14$．

【練習107】△ABC において，次の値をもとめなさい．

(1) $b = 3\sqrt{3}, c = 15, A = 30°$ のとき，a はいくらか．

(2) $c = 4, a = \sqrt{2}, B = 135°$ のとき，b はいくらか．

（答え）

(1) $3\sqrt{13}$　　(2) $\sqrt{26}$

最短距離

【例題108】次の各図形において，A から B に到達する最短距離をもとめなさい．

(1) 壁を経由　(2) 内部を経由する　(3) 表面を通る

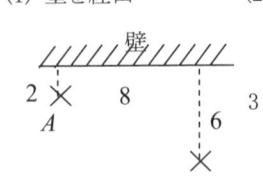

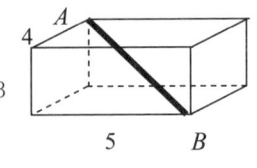

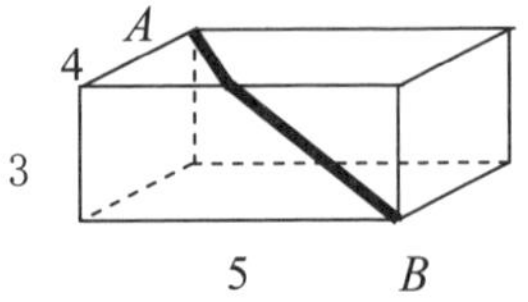

（解説）

(1) B より，壁に垂線を引き，それを同じ長さだけ延長したところを B' とする．A と B' を結び，壁との交点を P とする．$\triangle APC \backsim \triangle B'PD$ より，

$\triangle APC : \triangle B'PD = 2:6 = 1:3$．

したがって，$CP=2, DP=6$ となる．

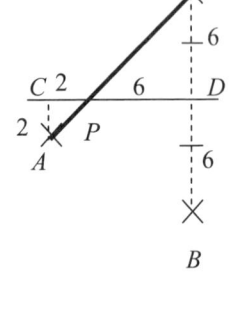

直角三角形 APC に三平方の定理を適用すると，

$AP^2 = 2^2 + 2^2 = 8. \therefore AP = 2\sqrt{2}$．

$AP : B'P = 1:3. \therefore B'P = 6\sqrt{2}$．

$AB' = 2\sqrt{2} + 6\sqrt{2} = 8\sqrt{2}$．

(2) 太線の直角三角形に注目し，AB の長さをもとめる．その前に，直角三角形 BCD に三平方の定理を適用し，BD をもとめると，

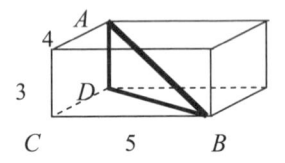

$BD^2 = 4^2 + 5^2 = 41. \therefore BD = \sqrt{41}$．

次に，直角三角形 ABD に三平方の定理を適用し，AB をもとめると，

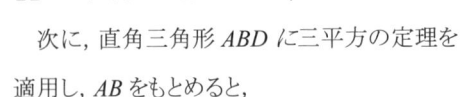

$AB^2 = 3^2 + 41 = 50. \therefore AB = 5\sqrt{2}$．

(3) 通過しなければならない面の展開図で考える．

直角三角形 ABC について，三平方の定理を適用し，AB をもとめる．

$AB^2 = 5^2 + 7^2 = 74$.　　$AB = \sqrt{74}$.

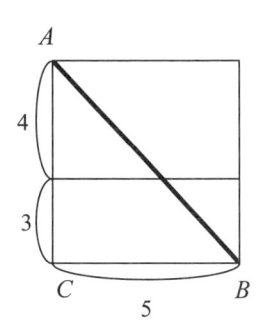

【練習108】次の各図形において，A から B に到達する最短距離をもとめなさい．

(1) 壁を経由　　(2) 内部を経由する　　(3) 表面を通る

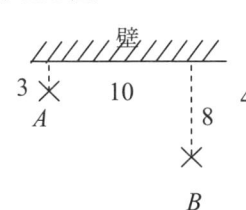

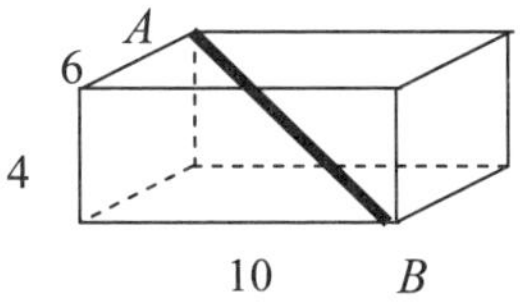

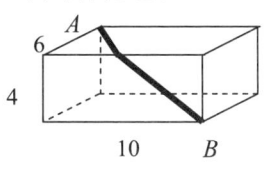

（答え）

(1) $\sqrt{221}$　(2) $2\sqrt{38}$　(3) $10\sqrt{2}$

第5章 統　　計

クロス集計表

【例題109】あるクラスの生徒40名（男子15名、女子25名）のうち，メガネをかけている生徒はクラス全体の40%，女子でメガネをかけている生徒は女子の20%である．メガネをかけていない男子は何人いるか．

（解説）

クロス集計表を作る．

全体でメガネをかけている人は，$40 \times 0.4 = 16$．

女子でメガネをかけている人は，$25 \times 0.2 = 5$．

わかっている条件を太字で表し，空欄をうめる．

	メガネあり	メガネなし	合計
男子	11	4	**15**
女子	**5**	20	**25**
合計	**16**	24	**40**

したがって，4人．

【練習109】次の問いに答えなさい．

(1) あるクラスの生徒50名（男子30名、女子20名）のうち，メガネをかけている生徒はクラス全体の30%，女子でメガネをかけている生徒は女子の40%である．メガネをかけていない男子は何人いるか．

(2) あるクラスの生徒30名（男子18名、女子12名）のうち，メガネをかけている生徒はクラス全体の70%，男子でメガネをかけている生徒は男子の50%である．メガネをかけていない女子は何人いるか．

（答え）

(1) 23　　(2) 0

散布図の読み方

【例題 110】2011 年における各都道府県の人口密度と高齢化率の関係を散布図に表した．これを見て次の問いに答えなさい．

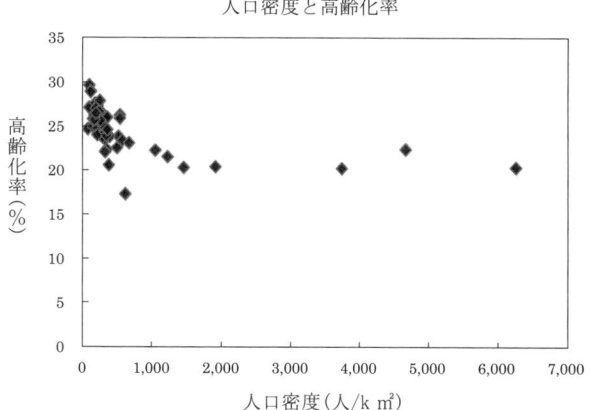

人口密度と高齢化率

(1) はなれている右側の 3 点は東京都，神奈川県，大阪府のものである．この 3 点を除くと人口密度と高齢化率にはどのような関係があると考えられるか．

(2) (1)において，この図の傾向を示す直線を引きなさい．さらに，人口密度を x，高齢化率を y として，この直線の方程式をおおざっぱにもとめなさい．

(3) 右側の 3 点がはなれている理由を考えなさい．

（解説）

◎ポイント～表・図やグラフの読み取り

① 表・図やグラフを見て，明らかなことを事実として述べる

② 上記から推測できることを述べる．ただし，根拠を示し，推測であることを明示する．→事実と推測とは区別して述べること．

(1) 人口密度が増加すると，高齢化率が減少する（負の相関がある）．

(2) ほぼ，点 (3000, 0), (0, 27) を通るので，直線の方程式は，$y = -0.009x + 27$ となる．

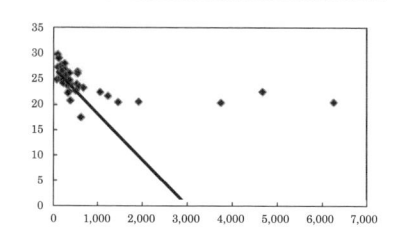

(3) 大都市のある東京都，神奈川県，大阪府では人口の集中により人口密度が飛び抜けて高くなってしまうから，高齢化率はその他県で人口密度とともに低下する（負の相関）のに対し，ほぼ横ばいの傾向がある．

【練習110】次の問いに答えなさい．
(1) 2006年度の各都道府県の人口とごみ排出量の関係を散布図に表した．これを見て次の問いに答えなさい．

人口とごみ排出量

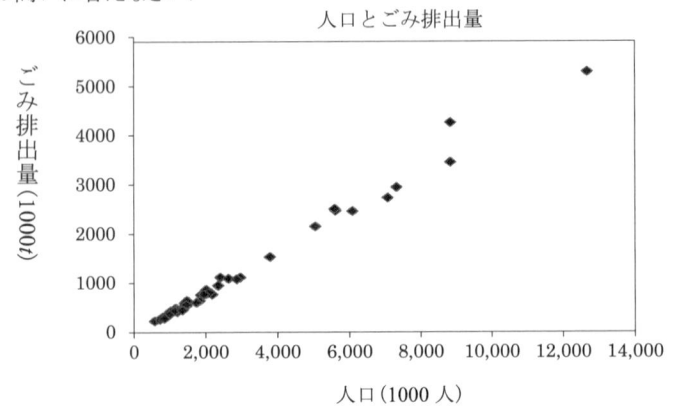

(ア) 人口とごみ排出量にはどのような関係があると考えられるか．
(イ) (ア)において，この図の傾向を示す直線を引きなさい．さらに，人口を x，ごみ排出量を y として，この直線の方程式をおおざっぱにもとめなさい．
(2) 2001〜2011年の日経平均株価とダウ平均株価を散布図に表わした．これを見て次の問いに答えなさい．

日経平均とダウ平均

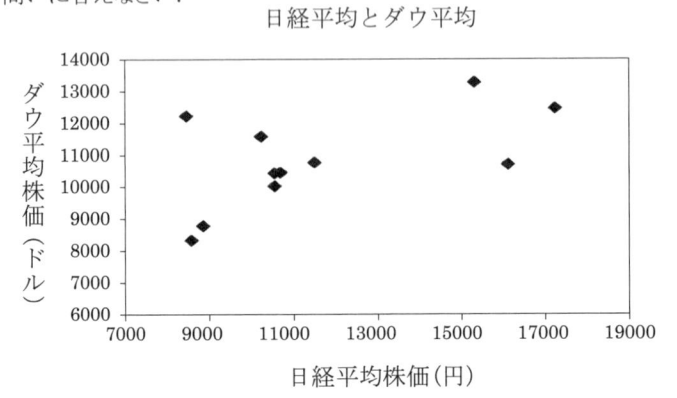

(ア) 左上の 1 点と右下の 2 点を除くと，日経平均株価とダウ平均株価にはどのような関係があると考えられるか．

(イ) (ア)において，この図の傾向を示す直線を引きなさい．さらに，日経平均株価を x, ダウ平均株価を y として，この直線の方程式をおおざっぱにもとめなさい．

(答え)

(1)(ア) 人口とごみ排出量の間には強い正の相関がある．

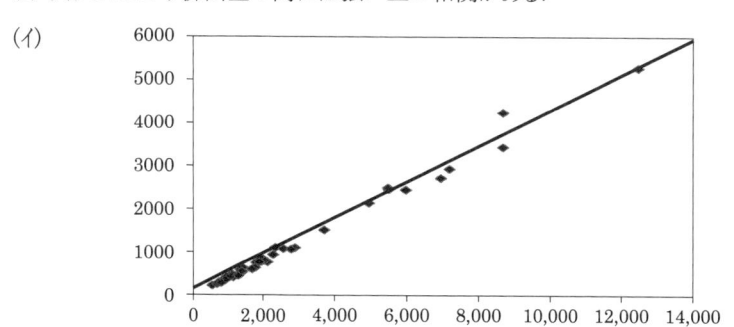

(イ)

おおよそ　$y = 0.45x$

(2)(ア) 日経平均株価とダウ平均株価の間には弱い正の相関がある．

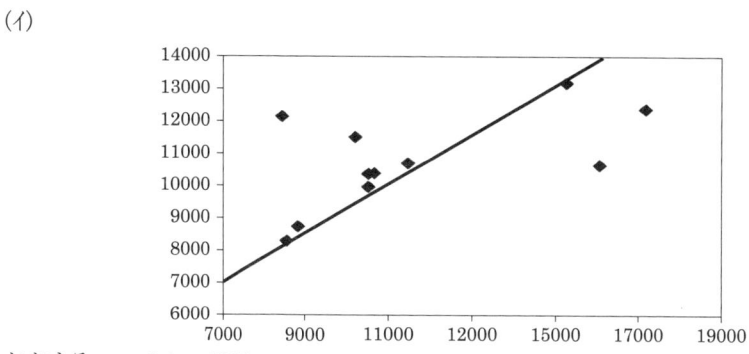

(イ)

おおよそ　$y = 0.4x + 7000$

割合の表

【例題111】次の表は食料自給率(%)の推移を表したものである。この表から確実に言えることは(1)〜(4)のどれか(複数回答可).

	米	いも類	野菜	牛肉
1960	102	100	100	96
1970	106	100	100	90
1980	100	96	99	72
1990	100	93	91	51
2000	95	83	81	34

(1) この表において米の自給率は年々減少している.
(2) 1970年の米の生産量は牛肉のそれよりも多い.
(3) 野菜の生産量は1980年の方が1970年より少ない.
(4) 1970年から2000年にかけて, 上記の食物の自給率は減少傾向にある.

(解説)

◎ポイント〜割合の表の読み取り

> 割合と実数を混同しない. 割合だけでは実際の量は比較できない.

(1) 1960〜1970年は増加している. 誤り.
(2) この表からは生産量の比較はできない. 誤り.
(3) 自給率は確かに1980年の方が少ないが, 生産量はわからない. 誤り.
(4) 自給率はすべて歩留まりまたは減少している. 確実に言える.

【練習111】次の問いに答えなさい.
(1) 次の表は我が国の年齢3区分別人口(%)の推移を表したものである. この表から確実に言えることは①〜④のどれか(複数回答可).

年	人口(千人)	人口割合(%)		
	総数	0〜14歳	15〜64歳	65歳以上
1960	93,419	30.0	64.2	5.7
1970	103,720	23.9	69.0	7.1
1980	117,060	23.5	67.3	9.1
1990	123,611	18.2	69.5	12.0
2000	126,892	15.9	69.4	14.5
2010	128,057	13.1	64.1	22.8

①0〜14歳の人口は1980年より1970年の方が多い.

②65歳以上の人口割合は年々増加している.

③65歳以上の人口は年々増加している.

④0〜14歳の人口は年々増加している.

(2) 次の表は貯蓄率(%)の国際比較である．この表から確実に言えることは①〜④のどれか.

年	日本	アメリカ	イギリス	ドイツ	フランス
1994	13.3	5.2	9.3	11.4	14.8
1998	11.4	5.3	7.4	10.1	15.5
2002	5.0	3.5	4.8	9.9	16.9
2006	3.8	2.4	3.4	10.6	15.0
2010	6.5	5.8	5.4	11.4	16.0

①この表において，イギリスの貯蓄率は減少傾向にある.

②各国の貯蓄率はほぼ減少傾向にあったが2010年には増加に転じた.

③日本の貯蓄率は毎年トップである.

④ドイツとフランスでは，常にフランスの方が貯蓄率が高い.

(答え)

(1) ①1970年は，103,720×0.239=24789(千人)，

1980年は，117,060×0.235=27509(千人)

となり，1980年の方が多いので，誤り．

②確実に言える．

③確実に言える(各年の65歳以上人口を計算してみること)

④28026→24789→27509→22497→20176→16776

したがって，正解は②，③．

(2) ①2010年に増加しているので，誤り．

②フランスは1994〜2002年で増加傾向であったので，誤り．

③誤り．

④確実に言える．

したがって，正解は④．

増加率の表

【例題 112】次の表は三大都市圏における住宅地の地価の動向（上昇率％）を表したものである．この表から確実に言えることは(1)～(4)のどれか（複数回答可）．

	東京圏	大阪圏	名古屋圏
平成 14 年	-5.9	-4.4	-8.6
15 年	-5.6	-5.6	-8.8
16 年	-4.7	-4.9	-8.0
17 年	-3.2	-3.3	-5.2
18 年	-0.9	-1.3	-1.6
19 年	3.6	1.7	1.8
20 年	5.5	2.8	2.7
21 年	-4.4	-2.8	-2.0
22 年	-4.9	-2.5	-4.8
23 年	-1.7	-0.6	-2.4

(1) この表においては，東京圏の地価は一貫して下がり続けている．

(2) 東京圏において，平成 17 年の地価の方が平成 20 年の地価よりも高い．

(3) この表から，大阪圏の地価は名古屋圏の地価より毎年高いことが読み取れる．

(4) 三大都市圏とも平成 19，20 年にいったん地価は上昇したが，その後また，下落傾向にある．

（解説）

◎ポイント～増加率（この表における「上昇率」と同じ意味）

> （増加率）＝（増加量）÷（基準となる量）

(1) 平成 19 年と 20 年は上昇に転じているので，誤り．

(2) 平成 17 年の地価を 100 とすると，平成 20 年の地価は，

$100 \times (1-0.032) \times (1-0.009) \times (1+0.036) = 99.4$

となり，平成 17 年度の地価の方が高くなるので，確実に言える．

(3) 実数がわからないので，この表からはわからない．誤り．
(4) 確実に言える．

【練習112】次の問いに答えなさい．

(1) 次の表は日本の消費者物価上昇率(前年比％)を表したものである．この表から確実に言えることは①～④のどれか(複数回答可)．

平成	10年	11年	12年	13年	14年	15年	16年	17年	18年
％	0.6	−0.3	−0.7	−0.7	−0.9	−0.3	0.0	−0.3	0.2

①平成11年から17年まで消費者物価は下落し続けている．

②平成16年の物価の方が平成19年よりも高い．

③平成16年の物価は0である．

④消費者物価と株価は連動している．

(2) 次の表は日本の人口増減率(前年比％)を表したものである．この表から確実に言えることは①～④のどれか(複数回答可)．

平成	14年	15年	16年	17年	18年	19年	20年	21年	22年
％	1.3	1.6	0.7	−0.1	0.0	0.0	−0.6	−1.4	4.3

①平成14年から16年まで人口は増え続けた．

②平成14年から22年まで人口は減り続けている．

③平成16年の人口は21年よりも多い．

④この表から高齢化は進んでいることが読み取れる．

(答え)

(1)

①平成16年は横ばいなので，誤り．

②平成16年の物価を100とすると，平成19年の物価は，

100×1.000×0.997×1.002=99.9．よって，確実に言える．

③物価上昇率が 0 である．誤り．

④この表からでは読み取れない．誤り．

(2)

①確実に言える．

②増加している年もあるので，誤り．

③平成 16 年の人口を 100 とすると，平成 21 年の人口は，

100×1.007×0.999×1.000×1.000×0.994＝0.99996．したがって，確実に言える．

④この表からでは読み取れない．誤り．

指数の表

【例題113】次の表は平成22年度における東京を100とする各国の内外価格差の表である．この表から確実に言えることはどれか．

	アメリカ	イギリス	フランス	ドイツ
電気	64	75	66	117
都市ガス	56	57	72	78
市内電話	89	478	189	156
携帯電話	93	40	110	196
インターネット	109	66	72	120

(1) アメリカの電気料金の平均値は64ドルである．

(2) アメリカのインターネット料金の平均値とフランスのインターネット料金の平均値はほぼ等しい．

(3) 表で示した項目において，東京は都市ガスを除くとドイツよりも物価が安い．

(4) イギリスの市内電話の通話料が最も高いのは，税率が高いからである．

（解説）

◎ポイント～指数

> 基準となる量をつねに頭に入れておく

(1) 表は東京を100としたときの値を表しており，実価格を表しているのではないので，誤り．

(2) アメリカの方が高い．誤り．

(3) 確実に言える．

(4) この表からはこのようなことは読み取れない．誤り．

【練習113】次の各問いに答えなさい．

(1) 次の表は2010年を100とした消費者物価指数(持家の帰属家賃を除く)の年平均です．この表から確実に言えることはどれか．

年	消費者物価指数(CPI)
2002	101.0
2003	100.7
2004	100.7
2005	100.3
2006	100.6
2007	100.7
2008	102.3
2009	100.8
2010	100.0
2011	99.7

① 消費者物価指数は年々上昇している．

② 最近では，消費者物価指数は2008年をピークに減少している．

③ 全国の賃貸住宅の平均家賃は2008年が最も大きい．

④ 2010年の1世帯あたりの平均支出金額は100万円である．

(2) 次の表は 2005 年を 100 とした賃金指数(製造業)である．この表から確実に言えることは①〜④のどれか(複数回答可)．

年	賃金指数
2000	97.3
2001	96.9
2002	95.7
2003	97.4
2004	99.0
2005	100.0
2006	101.3
2007	100.8
2008	101.2
2009	94.1

①賃金指数は 2006 年をピークに減少している．

②2002 年〜2006 年まで賃金は上昇している．

③2009 年の平均賃金は 94.1 万円である．

④2000 年の賃金は 2004 年の賃金より高い．

(答え)

(1)

①下がっている年もあるので，誤り．

②確実に言える．

③表は消費者物価指数を表しており，家賃指数ではない．誤り．

④③と同様で，1 世帯あたりの支出金額ではない．誤り．

(2)

①2007 年〜2008 年は上昇しているので，誤り．

②確実に言える.

③表は指数を表しており,実数ではないので,誤り.

④その逆である. 2004 年の賃金の方が高いので,誤り.

推定問題

【例題 114】 次の表はある会社の本日のパソコン関連部品出荷一覧である．単価の正しい組み合わせは(1)～(4)のいずれであるか．

	注文1	注文2	注文3	注文4
CPU	1	4	2	4
RAM	4	5	3	6
HDD	3	1	5	8
請求額(円)	27000	31000	39000	68000

(1) CPU 5000 円, RAM 3000 円, HDD 4000 円

(2) CPU 7000 円, RAM 4000 円, HDD 3000 円

(3) CPU 4000 円, RAM 2000 円, HDD 5000 円

(4) CPU 6000 円, RAM 3000 円, HDD 3000 円

（解説）

(解法 1)

注文3を2倍すると，注文4の違いはHDD1つ分である．よって，HDD1つ分は，

$(78000 - 68000) \div 2 = 5000$(円)．(3)が正しい．

(解法 2)

それぞれ(1)～(4)を注文1～4に代入すると，正しいものが(3)となる．

【練習 114】次の表は，先月のテレビのCMと商品売上との関係を表したものである．商品Cの先月の売上高は，(1)〜(4)のいずれと推定できるか．

	商品 A	商品 B	商品 C	商品 D
定価(円)	700	500	600	700
CM回数(回/日)	5	10	10	10
CM秒数(秒)	15	30	30	30
先月売上高(万円)	3480	2820	?	3820

(1) 2320 万円

(2) 3320 万円

(3) 3820 万円

(4) 4320 万円

（答え）

商品B, C, Dを比較するとCM回数とCM秒数が等しく，定価がB＜C＜Dとなっている．したがって，売上高も同様と推定できる．したがって，(2)が正解．

第6章　理科計算問題 ①～物理

ばね

【例題115】次の問いに答えなさい．

(1) 5g 重のおもりをぶら下げると 3cm 伸びる自然長が 20cm のばねがある．このばねに 8g 重のおもりをぶら下げるとばねの伸びと全体の長さはそれぞれ何 cm になるか．

(2) (1)において，x をおもりの重さ(g 重)，y をばね全体の長さ(cm)として，$y = ax + b$ の数式を作りなさい．

（解説）

◎ポイント～ばねの長さと伸び

ばねの長さは一次関数で表される

$$y = ax + b$$

（y：長さ，a：1g 重あたりの伸び，x：重さ，b：もとの長さ(自然長)）

(1) 1g 重あたりの伸びを計算すると，3÷5＝0.6(cm)．したがって，8g 重のおもりをぶら下げたときの伸びは，0.6×8＝4.8(cm)．自然長が 20cm であるから，

長さは，4.8+20＝24.8(cm)となる．

1 つの式で書くと，0.6×8+20＝24.8

(2) ポイント通り．$y = 0.6x + 20$．

【練習115】次の問いに答えなさい．

(1) 5g 重のおもりをぶら下げると 4cm 伸びる自然長が 10cm のばねがある．このばねに 9g 重のおもりをぶら下げるとばねの伸びと全体の長さはそれぞれ何 cm になるか．

(2) (1)において，x をおもりの重さ(g 重)，y をばね全体の長さ(cm)として，$y = ax + b$ の数式を作りなさい．

（答え）

(1) 順に，7.2cm, 17.2cm　　　(2) $y = 0.8x + 10$

滑車

【例題116】 以下の図で $20g$ 重のおもりを $10cm$ 持ち上げるには，いくらの力が必要で，何 cm 引っ張るとよいか．ここでは，滑車の重さは考えないものとする．

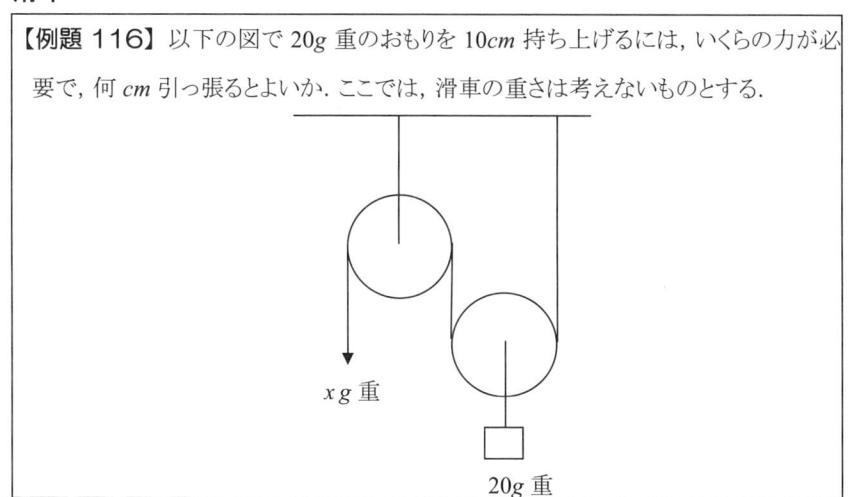

xg 重

$20g$ 重

（解説）

◎ポイント～滑車

① 定滑車

xg 重　xg 重
必要な力は変わらない

② 動滑車

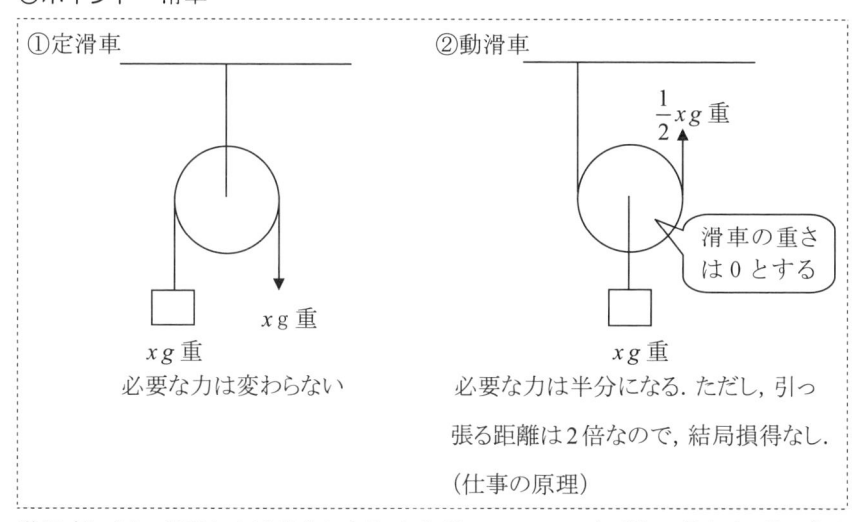

$\frac{1}{2}xg$ 重

滑車の重さは0とする

xg 重
必要な力は半分になる．ただし，引っ張る距離は2倍なので，結局損得なし．
（仕事の原理）

動滑車により，必要な力は半分になる．したがって，$x=10(g$ 重$)$．長さは2倍であるから，$20cm$.

【練習116】以下の図で30g重のおもりを20cm持ち上げるには，いくらの力が必要で，何cm引っ張るとよいか．ここでは，滑車の重さは考えないものとする．

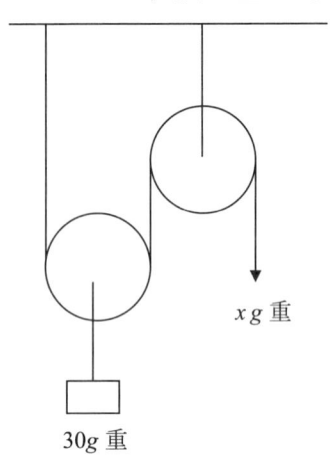

xg重

30g重

（答え）

15g重, 40cm

てこ

【例題117】以下の図で，x, yの値をそれぞれもとめなさい．

(1) 10cm — 20cm，xg重，$30g$重

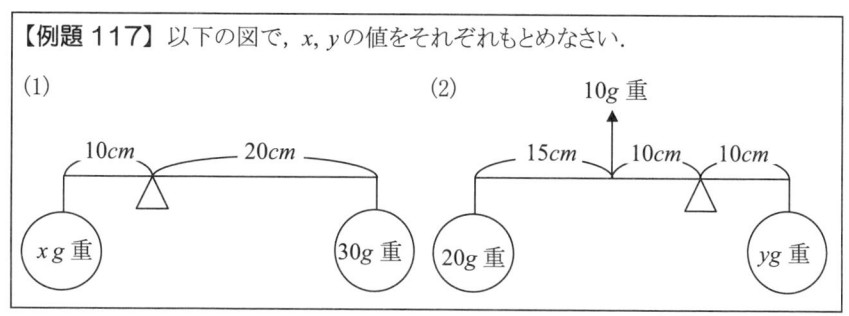

(2) $10g$重，15cm — 10cm — 10cm，$20g$重，yg重

（解説）

◎ポイント～てこの原理

つり合いの式は　　$ax = by$

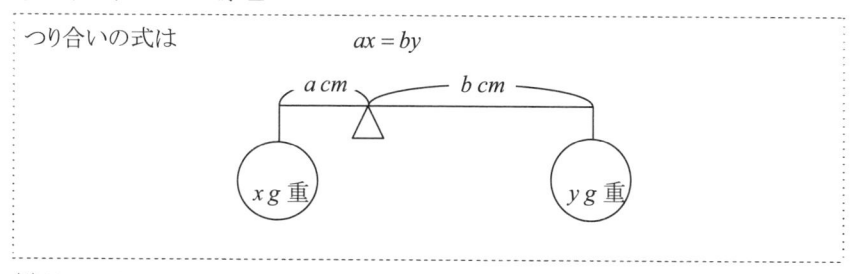

$a\,cm$ — $b\,cm$，xg重，yg重

(1) $10x = 20 \times 30$，$x = 60$．

(2) $25 \times 20 - 10 \times 10 = 10 \times y$，$y = 40$．

【練習117】以下の図で，x, yの値をそれぞれもとめなさい．

(1) 8cm — 10cm，xg重，$40g$重

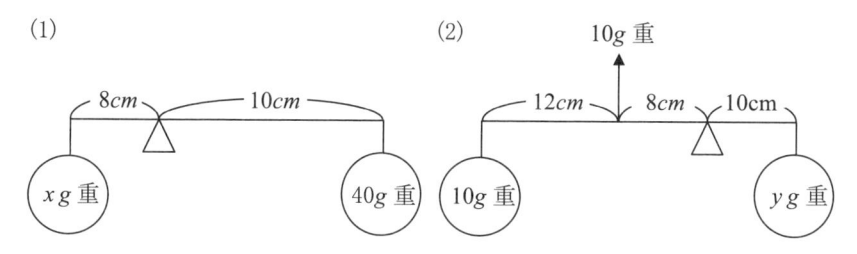

(2) $10g$重，12cm — 8cm — 10cm，$10g$重，yg重

（答え）

(1) 50　　(2) 12

輪軸

【例題118】 以下の図で，x, y の値をそれぞれもとめなさい．

(1) 12g重，xg重，4cm，6cm

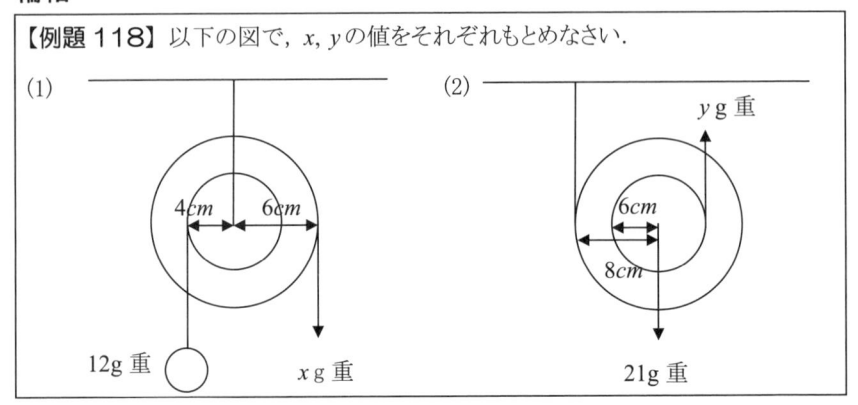

(2) 21g重，yg重，6cm，8cm

(解説)

◎ポイント～輪軸

① てこの原理を使う
② 支点は天井からの固定点になる

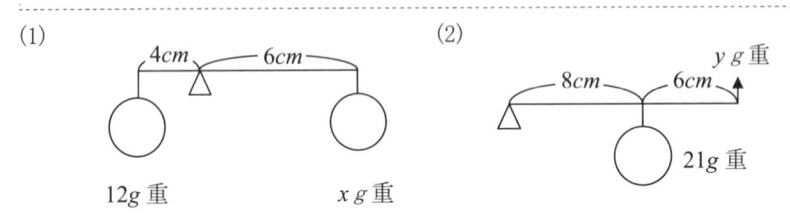

(1)
$4 \times 12 = 6x, \quad x = 8.$

(2)
$14y = 8 \times 21, \quad y = 12.$

【練習118】 以下の図で，x, y の値をそれぞれもとめなさい．

(1) 30g重，xg重，8cm，15cm

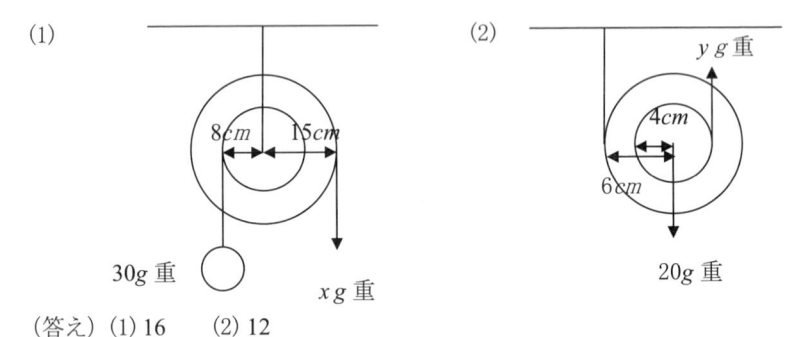

(2) 20g重，yg重，4cm，6cm

(答え) (1) 16 (2) 12

運動①

【例題119】次の問いに答えなさい．

(1) 400mを50秒で走る人の速さをもとめなさい．

(2) 1000mを秒速20mで走るとき，かかった時間をもとめなさい．

(3) 秒速8mで30秒走ったときの距離をもとめなさい．

（解説）

◎ポイント〜速さの3公式

①速さ＝距離÷時間
②時間＝距離÷速さ
③距離＝速さ×時間

◎速さと速度
速さ…方向なし
速度…方向も含む

(1) 400÷50＝8(m/秒)

(2) 1000÷20＝50(秒)

(3) 8×30＝240(m)

【練習119】次の問いに答えなさい．

(1) 600mを80秒で走る人の速さをもとめなさい．

(2) 1200mを秒速30mで走るとき，かかった時間をもとめなさい．

(3) 秒速8mで20秒走ったときの距離をもとめなさい．

（答え）

(1) 7.5m/秒　(2) 40秒　(3) 160m

運動②

【例題 120】次の問いに答えなさい．

(1) 秒速 3m(初速度)で走っていた車が，走っている方向に一定割合で加速し，4 秒後に秒速 23m になった．このときの加速度をもとめなさい．

(2) 初速度 2m/秒の物体を加速度 3m/秒^2 で 4 秒間加速した．4 秒後の速度とその間に進んだ距離をもとめなさい．

（解説）

◎ポイント～加速度・距離

加速度とは…単位時間当たりの速度の変化．単位は「$m/秒^2$」．

距離のもとめかた…(平均速度)×(時間)

(1) 加速度は，$(23-3)÷4=5(m/秒^2)$．

(2) 4 秒後の速度は，$2+3×4=14(m/秒)$．

平均速度は，$(2+14)÷2=8(m/秒)$．したがって，進んだ距離は，$8×4=32(m)$．

◎速度・加速度の 3 公式

① $v = v_0 + at$ ② $x = v_0 t + \frac{1}{2} at^2$ ③ $v^2 - v_0^2 = 2ax$

※ t:時間, a:加速度, v_0:初速度, v:t秒後の速度, x:距離

※3 番目の式は，はじめの 2 式を代入すると証明できる．

【練習 120】次の問いに答えなさい．

(1) 秒速 1m(初速度)で走っていた車が，走っている方向に一定割合で加速し，5 秒後に秒速 26m になった．このときの加速度をもとめなさい．

(2) 初速度 1m/秒の物体を加速度 2m/秒^2 で 5 秒間加速した．5 秒後の速度とその間に進んだ距離をもとめなさい．

（答え）

(1) 5 $m/秒^2$ (2) 速度 11 $m/秒$, 距離 30m

運動方程式

【例題121】質量5kgの静止物体を10Nの力で5秒間押した。摩擦などの抵抗は一切考えないとすると、物体の加速度と、その間に進んだ距離をもとめなさい。

（解説）

◎ポイント〜運動方程式

質量m[kg]の物体に力F[N]を作用させたときに生じる加速度a[m/秒^2]をもとめる公式　　　　$ma = F$

運動方程式 $ma = F$ に条件を代入すると、

$5a = 10$, $a = 2(m/秒^2)$ となる。5秒後の速度は、$v = 0 + 2 \times 5 = 10$.

平均速度は、$(0+10) \div 2 = 5(m/秒)$.

したがって、5秒間に進んだ距離は、$5 \times 5 = 25(m)$.

ここまでの流れをまとめる。

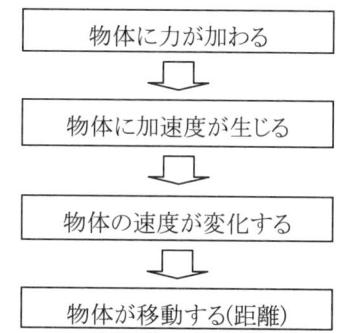

```
物体に力が加わる
   ↓
物体に加速度が生じる
   ↓
物体の速度が変化する
   ↓
物体が移動する(距離)
```

【練習121】次の問いに答えなさい。

(1) 質量3kgの静止物体を12Nの力で4秒間押した。摩擦などの抵抗は一切考えないとすると、物体の加速度はいくらか。また、その間に進んだ距離をもとめなさい。

(2) 質量2kg, 4m/秒で運動している物体を10Nの力で8秒間押した。摩擦などの抵抗は一切考えないとすると、物体の加速度はいくらか。また、その間に進んだ距離をもとめなさい。

（答え）(1) 加速度 $4m/秒^2$, 距離 $32m$　(2) 加速度 $5m/秒^2$, 距離 $192m$

仕事とエネルギー

【例題122】次の問いに答えなさい．
(1) 物体を $5N$ の力で，$4m$ 引っ張った．この力のした仕事をもとめなさい．
(2) 右図のように物体が斜面を転がり落ちた．①のときの運動エネルギーは 0 で，位置エネルギーは 10 であった．③を基準点（位置エネルギー0）として，エネルギー保存則が成り立つとすると，中間点の②のときの位置エネルギーと運動エネルギー，③のときの運動エネルギーをそれぞれもとめなさい．

（解説）

◎ポイント①～仕事

仕事…(仕事)＝(力)×(移動距離)で定義される．エネルギーと本質的には同じもので現れ方が異なる．単位は「J」(ジュール)である．

$$W[J] = F[N] \times x[m]$$

(1) 5×4＝20(J)

◎ポイント②～エネルギー

エネルギー…仕事と本質的には同じもので現れ方が異なる．単位は「J」(ジュール)である．

仕事をするとエネルギーが増加
仕事 ⇄ エネルギー
エネルギーを使うと仕事ができる

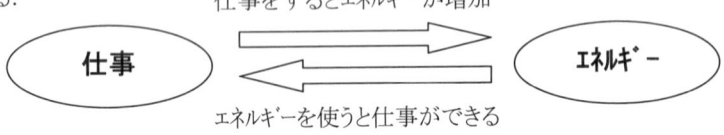

エネルギーのいろいろ…運動エネルギー，位置エネルギー，熱エネルギー，音エネルギーなど
エネルギー保存則…閉じた系の中のエネルギーの総量は変化しない．

(2) 合計 10 より，②位置エネルギー5，運動エネルギー5　③運動エネルギー10

【練習122】次の問いに答えなさい.

(1) 物体を3Nの力で, 5m引っ張った. この力のした仕事をもとめなさい.

(2) 以下の図のような斜面を物体は運動している. ①〜④の場合における位置エネルギー, 運動エネルギーを表を利用してもとめなさい(表の空欄を埋めなさい).

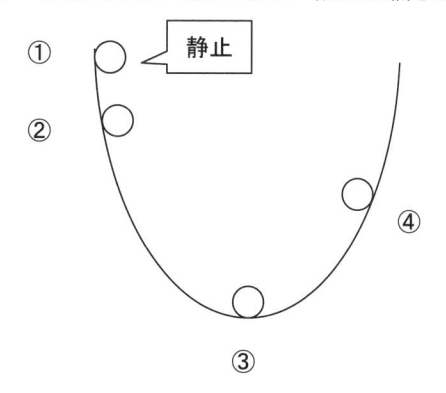

	運動エネルギー	位置エネルギー
①		30
②	10	
③		0
④		20

(答え)

(1) 15J (2) ①0 ②20 ③30 ④10

熱量

【例題123】次の問いに答えなさい.

(1) 60gの水の温度を20℃から50℃に上げるのに必要な熱量(cal)をもとめなさい.

(2) 70℃の水 100gと50℃の水 300gを混ぜると何℃になるか.

（解説）

◎ポイント～熱量

物体間に伝わる熱や, 物体自体の持つ熱を数値としての量に表したものである. 熱エネルギーとほぼ同値として使われている. 単位は「J」(ジュール)のほか,「cal」(カロリー)が用いられる. $1cal$は水$1g$を1℃上げるのに必要な熱量である($1cal≒4.2J$).

(1) $(50-20)×60=1800(cal)$

(2) 0℃を基準とすると, 全熱量(cal)は,

$70×100+50×300=22000(cal)$.

全水量は $100+300=400(g)$.

よってもとめる温度は, $22000÷400=55$(℃).

【練習123】次の問いに答えなさい.

(1) 120gの水の温度を10℃から70℃に上げるのに必要な熱量(cal)をもとめなさい.

(2) 30℃の水 40gと80℃の水 10gを混ぜると何℃になるか.

（答え）

(1) $7200cal$　(2) 40℃

比熱

【例題124】 次の問いに答えなさい.

(1) 比熱が $3cal/g\cdot°C$ の物質 $20g$ の温度を $10°C$ 上げるのに必要な熱量(cal)をもとめなさい.

(2) 比熱が $1cal/g\cdot°C$ である $50°C$ の水 $100g$ の中に比熱が $4cal/g\cdot°C$ である $80°C$ の小石 $50g$ を沈めると全体が均一の温度になった. 何 $°C$ になったか.

（解説）

◎ポイント〜比熱

質量 $1g$ の物質を $1°C$ 上げるのに必要な熱量. したがって, 比熱は物質によって異なる. 単位は,「$cal/g\cdot°C$」.

(1) $20(g) \times 10(°C) \times 3 = 600(cal)$.

(2) 基準を $0°C$ として, それぞれが持っている熱量は,

水　　$50 \times 100 \times 1 = 5000$.

小石　$80 \times 50 \times 4 = 16000$.

合計熱量は, $5000 + 16000 = 21000$.

均一温度を $x°C$ として, $x \times 100 \times 1 + x \times 50 \times 4 = 21000$, $x = 70(°C)$.

【練習124】 次の問いに答えなさい.

(1) 比熱が $2cal/g\cdot°C$ の物質 $40g$ の温度を $30°C$ 上げるのに必要な熱量(cal)をもとめなさい.

(2) 比熱が $1cal/g\cdot°C$ である $40°C$ の水 $200g$ の中に比熱が $5cal/g\cdot°C$ である $80°C$ の小石 $60g$ を沈めると全体が均一の温度になった. 何 $°C$ になったか.

（答え）

(1) $2400cal$　(2) $64°C$

電気回路①〜抵抗

【例題125】 以下の表の(1)〜(3)において抵抗を計算しなさい．

	$\rho\,[\Omega/m]$	$l\,[m]$	$S\,[m^2]$	$R\,[\Omega]$
(1)	2	4	2	
(2)	3	8	6	
(3)	4	12	8	

（解説）

◎ポイント〜抵抗

◆抵抗の大きさ
- 長さに比例
- 断面積に反比例

◆抵抗をもとめる公式

$\rho\,[\Omega/m]$を抵抗係数とする長さ$l\,[m]$，断面積$S\,[m^2]$の物体の抵抗$R\,[\Omega]$は，

$$R = \rho \frac{l}{S}.$$

公式通り．上から, 4, 4, 6．

【練習125】 以下の表の(1)〜(3)において抵抗を計算しなさい．

	$\rho\,[\Omega/m]$	$l\,[m]$	$S\,[m^2]$	$R\,[\Omega]$
(1)	3	6	2	
(2)	6	8	3	
(3)	2	9	4	

（答え）

上から, 9, 16, 4.5

電気回路②〜オームの法則

【例題 126】 以下の回路において,抵抗,電流,電圧がそれぞれ(1)〜(4)であるとき,表の空欄にあてはまる数値をもとめなさい.

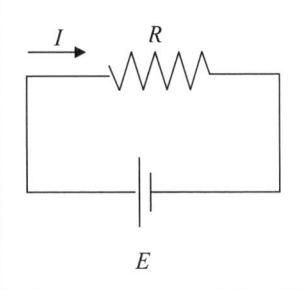

	$R[\Omega]$	$I[A]$	$E[V]$
(1)	3		6
(2)	6		3
(3)	2	5	
(4)		5	12

（解説）

◎ポイント〜オームの法則

抵抗 $R[\Omega]$ を流れる電流 $I[A]$,電圧 $E[V]$ の間には以下の公式が成り立つ.

$$I = \frac{E}{R}$$

公式通り.

(1) 2　(2) 0.5　(3) 10　(4) 2.4

【練習 126】 上記の例題と同様の回路で,抵抗,電流,電圧がそれぞれ(1)〜(4)であるとき,表の空欄にあてはまる数値をもとめなさい.

	$R[\Omega]$	$I[A]$	$E[V]$
(1)	5		15
(2)	4		3
(3)	5	0.2	
(4)		4	1

（答え）

(1) 3　(2) 0.75　(3) 1　(4) 0.25

電気回路③〜抵抗の合成

【例題127】次の抵抗を合成しなさい．ただし，抵抗の単位は Ω である．

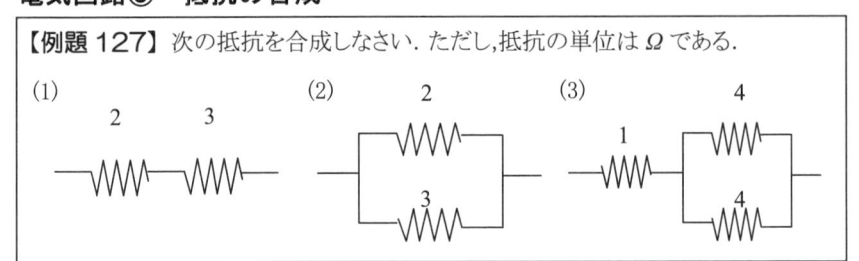

(1) 2 3

(2) 2 / 3

(3) 1, 4 / 4

（解説）

◎ポイント〜抵抗の合成

◆抵抗を合成する公式

・直列つなぎ　R_1　R_2

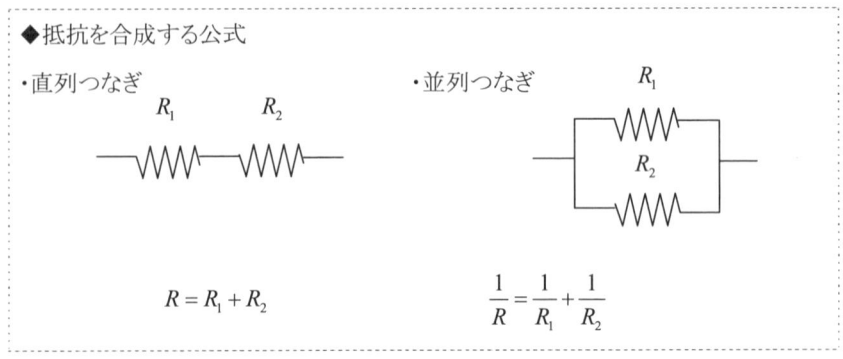

$$R = R_1 + R_2$$

・並列つなぎ　R_1 / R_2

$$\frac{1}{R} = \frac{1}{R_1} + \frac{1}{R_2}$$

(1) $R = 2 + 3 = 5\,(\Omega)$.

(2) $\dfrac{1}{R} = \dfrac{1}{2} + \dfrac{1}{3} = \dfrac{5}{6}$, $\dfrac{R}{1} = \dfrac{6}{5}$, $R = 1.2\ (\Omega)$.

(3) まず，並列部分から合成する．

$\dfrac{1}{R'} = \dfrac{1}{4} + \dfrac{1}{4} = \dfrac{2}{4} = \dfrac{1}{2}$, $\dfrac{R'}{1} = \dfrac{2}{1}$, $R' = 2\ (\Omega)$.

1Ω とこの計算でもとめた 2Ω とは，直列であるから，合成すると，

$R = 1 + 2 = 3(\Omega)$

となる．

【練習127】次の抵抗を合成しなさい．ただし，抵抗の単位は Ω である．

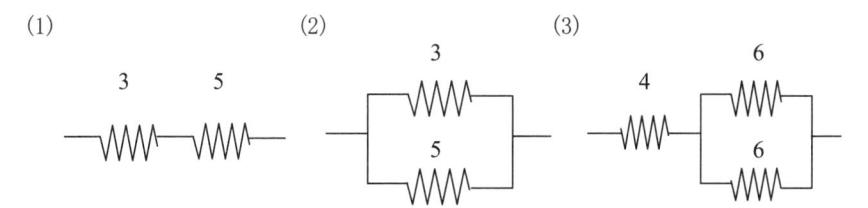

(1)　　　　　　　　(2)　　　　　　　　(3)

（答え）

(1) 8Ω　(2) 1.875Ω　(3) 7Ω

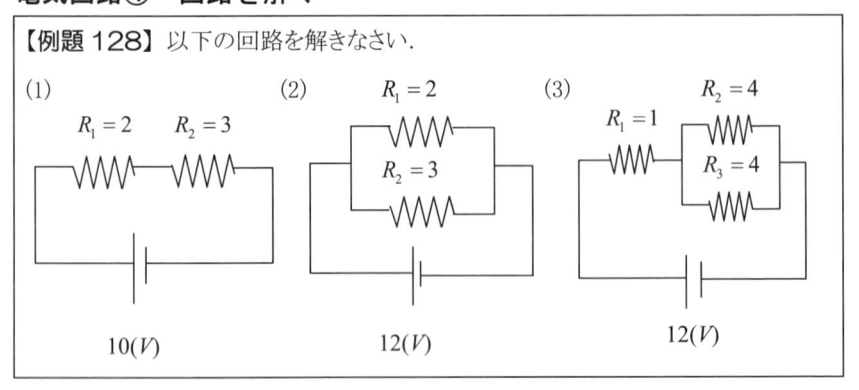

電気回路④〜回路を解く

【例題128】以下の回路を解きなさい.

(1) $R_1 = 2$, $R_2 = 3$, 10(V)

(2) $R_1 = 2$, $R_2 = 3$, 12(V)

(3) $R_1 = 1$, $R_2 = 4$, $R_3 = 4$, 12(V)

（解説）

◎ポイント〜回路を解く

> 回路を解くとは，各抵抗における電流，電圧をもとめることである．

(1) 全抵抗は，5Ω. オームの法則を適用して，流れる電流は，$I = \dfrac{10}{5} = 2(A)$.

直列の場合，各抵抗に流れる電流は等しいので，$I_1 = 2$, $I_2 = 2$. 各抵抗において，オームの法則を適用して，$E_1 = I_1 R_1 = 2\cdot 2 = 4(V)$, $E_2 = I_2 R_2 = 2\cdot 3 = 6(V)$.

(2) 並列の場合，電圧は各抵抗に同等にかかるから，$E_1 = 12$, $E_2 = 12$. 各抵抗にオームの法則を適用して，各抵抗に流れる電流は，$I_1 = \dfrac{12}{2} = 6(A)$, $I_2 = \dfrac{12}{3} = 4(A)$.

(3) 全抵抗は，3Ω. オームの法則を適用して，流れる電流は，$I = \dfrac{12}{3} = 4(A)$.

したがって，抵抗 R_1 に流れる電流も $I_1 = 4(A)$ となる．オームの法則を適用して，

$$E_1 = I_1 R_1 = 4\cdot 1 = 4(V).$$

残った電圧は，$12 - 4 = 8(V)$. 並列の場合，電圧は各抵抗に同等にかかるから，$E_2 = 8$, $E_3 = 8$. 各抵抗にオームの法則を適用して，

$$I_2 = \dfrac{E_2}{R_2} = \dfrac{8}{4} = 2(A), \quad I_3 = \dfrac{E_3}{R_3} = \dfrac{8}{4} = 2(A).$$

【練習 128】 以下の回路を解きなさい.

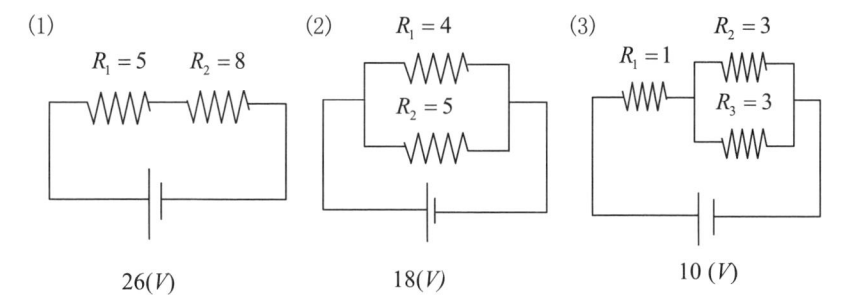

(1) $R_1 = 5$, $R_2 = 8$, 26(V)

(2) $R_1 = 4$, $R_2 = 5$, 18(V)

(3) $R_1 = 1$, $R_2 = 3$, $R_3 = 3$, 10(V)

（答え）単位省略.

(1) $I_1 = 2$, $E_1 = 10$, $I_2 = 2$, $E_2 = 16$

(2) $I_1 = 4.5$, $E_1 = 18$, $I_2 = 3.6$, $E_2 = 18$

(3) $I_1 = 4$, $E_1 = 4$, $I_2 = 2$, $E_2 = 6$, $I_3 = 2$, $E_3 = 6$

電気回路⑤〜消費電力・消費電力量・発熱量

【例題129】P.146「電気回路④」の例題において各抵抗における消費電力[W]と5秒間の発熱量[J]を計算しなさい．

（解説）

◎ポイント〜消費電力・消費電力量・発熱量

◆消費電力…回路で消費される電力．単位時間あたりのエネルギーの消費量に比例．単位は「W」（ワット）．電流[A]×電圧[V]でもとめることができる．

$$P = IE$$

◆消費電力量…電気的に消費されるエネルギー．単位は「Wh」（ワットアワー）．電力[W]×時間[h(時間)]でもとめることができる．

$$W = IEh$$

◆発熱量…単位は「J」（ジュール）．0.24×電力[W]×時間[t(秒)]でもとめることができる．

$$Q = 0.24IEt$$

公式どおり

	消費電力	発熱量
(1)	$P_1 = 8$, $P_2 = 12$	$Q_1 = 9.6$, $Q_2 = 14.4$
(2)	$P_1 = 72$, $P_2 = 48$	$Q_1 = 86.4$, $Q_2 = 57.6$
(3)	$P_1 = 16$, $P_2 = 16$, $P_3 = 16$	$Q_1 = 19.2$, $Q_2 = 19.2$, $Q_3 = 19.2$

【練習129】P.147「電気回路④」の練習において各抵抗における消費電力[W]と5秒間の発熱量[J]を計算しなさい．

（答え）(1) $P_1 = 20$, $P_2 = 32$, $Q_1 = 24$, $Q_2 = 38.4$,

(2) $P_1 = 81$, $P_2 = 64.8$, $Q_1 = 97.2$, $Q_2 = 77.76$

(3) $P_1 = 16$, $P_2 = 12$, $P_3 = 12$, $Q_1 = 19.2$, $Q_2 = 14.4$, $Q_3 = 14.4$

レンズ

【例題130】 以下の図において，作図によってろうそくの実像ができる位置を示し，それが正立か倒立か，また，実物より大きいか小さいかを答えなさい．ここで，F は焦点を，$2F$ は焦点距離の 2 倍の点を表している．

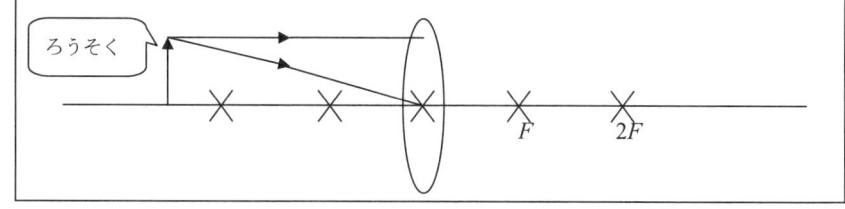

（解説）

◎ポイント～レンズ

作図にあたっては，進み方の分かっている光線のうち，2 本が交わったところを探す
① レンズの光軸に平行な光は，屈折して焦点を通る．
② レンズの中心を通る光は，屈折しないで直進する．
③ 焦点を通る光は，屈折して光軸に平行に進む．

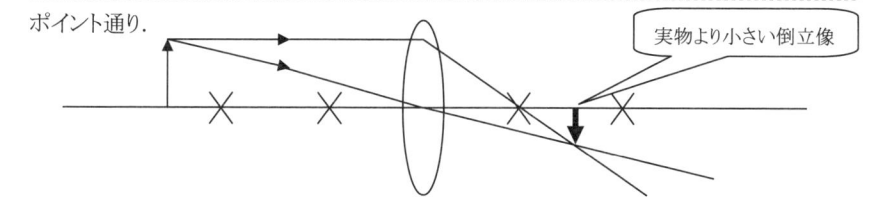

ポイント通り．

実物より小さい倒立像

◆まとめ～とつレンズによってできる像

物体の位置	$2F$ の外	$2F$ 上	$2F$ と F の間	F 上	F の内
像の位置	$2F$ と F の間	$2F$ 上	$2F$ の外	できない	物体側で物体の外側
像の種類	倒立の実像	倒立の実像	倒立の実像	できない	正立の虚像
像の大きさ	実物より小さい	実物と同じ	実物より大きい	できない	実物より大きい

【練習130】以下の図において，作図によってろうそくの実像ができる位置を示し，それが正立か倒立か，また，実物より大きいか小さいかを答えなさい．

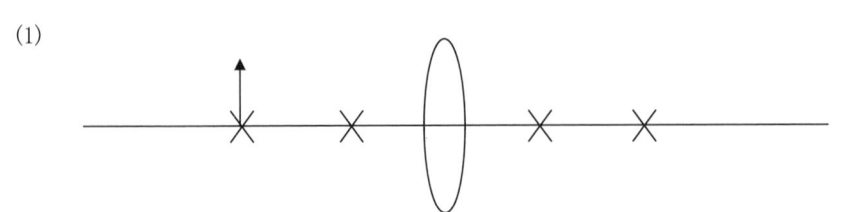

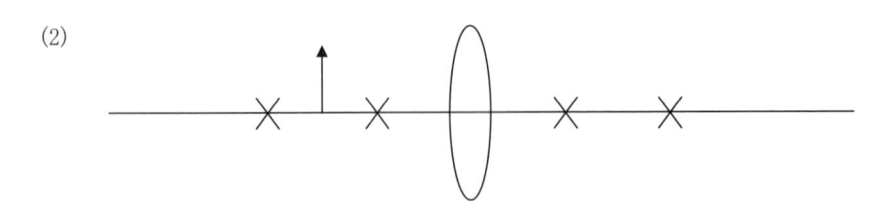

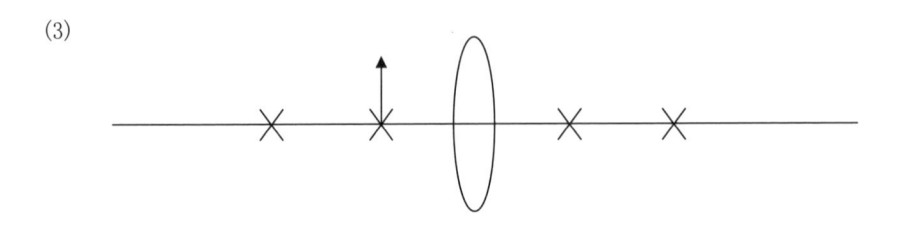

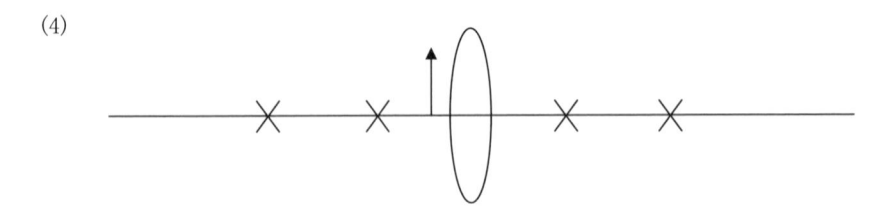

(1)

(2)

(3)

(4)

（答え）

前ページのまとめのとおり

(1)

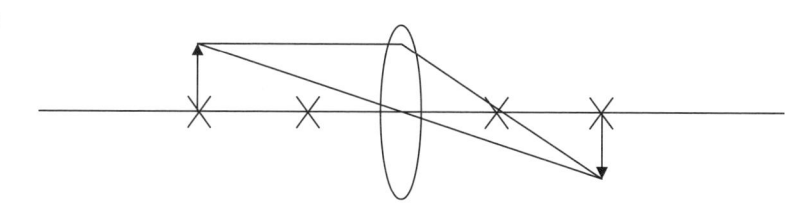

(2)

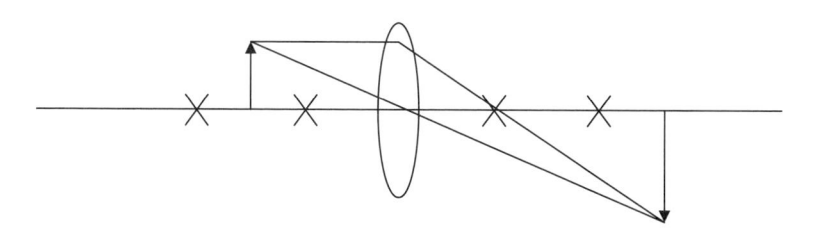

(3)

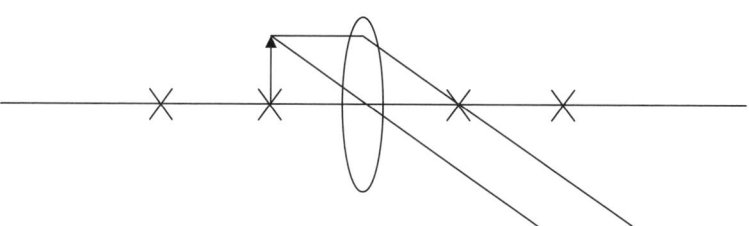

(4)

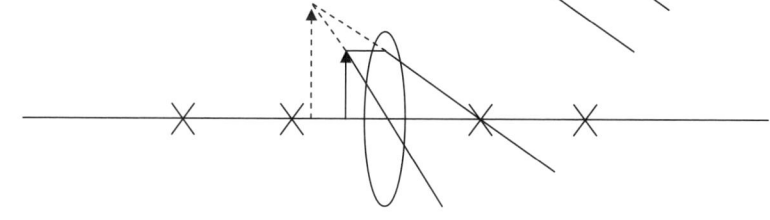

第7章　理科計算問題 ②～化学

溶解度

【例題131】解説にある「溶解度の例」を利用して，次の問いに答えなさい．

(1) 80℃の水 100g に食塩が 37.0g 溶けている．この食塩水を 40℃まで冷やすと溶け切れなくなる食塩は何 g か．

(2) 80℃の水 50g にホウ酸が飽和状態まで溶けている．この水溶液を 0℃まで冷やすと溶け切れなくなるホウ酸は何 g か．

（解説）

◎ポイント～溶解度

一定量(100g など)の水に溶ける物質の限界量のこと．一般に固体は水の温度が高くなると溶解度が大きくなる．

※飽和水溶液・・・物質が溶ける限度まで溶けた水溶液のこと．

◆溶解度の例

固体	0℃	20℃	40℃	60℃	80℃	100℃
食塩	35.6	35.8	36.3	37.1	38.0	39.3
ホウ酸	2.8	4.9	8.9	14.9	23.6	38.0
砂糖	179.2	203.9	233.1	287.3	362.1	487.2

(1) 40℃の水 100g には，36.3g しか食塩は溶けない．したがって，37.0－36.3＝0.7(g) の食塩が溶け切れなくなる．

(2) 80℃のときに溶けているホウ酸の量は，23.6÷2＝11.8(g) である．0℃の水 50g には，2.8÷2＝1.4(g) しかホウ酸は溶けない．したがって，11.8－1.4＝10.4(g)のホウ酸が溶け切れなくなる．

【練習 131】次の問いに答えなさい.

(1) 100℃の水 100g に食塩が 39.0g 溶けている. この食塩水を 40℃まで冷やすと溶け切れなくなる食塩は何 g か.

(2) 60℃の水 100g にホウ酸が 13.0g 溶けている. この水溶液を 20℃まで冷やすと溶け切れなくなるホウ酸は何 g か.

(3) 80℃の水 200g に食塩が飽和状態まで溶けている. この食塩水を 40℃まで冷やすと溶け切れなくなる食塩は何 g か.

(4) 60℃の水 50g にホウ酸が飽和状態まで溶けている. この水溶液を 20℃まで冷やすと溶け切れなくなるホウ酸は何 g か.

(答え)

(1) 2.7g　(2) 8.1g　(3) 3.4g　(4) 5g

密度

> 【例題 132】$50cm^3$ が $40g$ の液体がある.この密度をもとめなさい.さらに,この物質は何かを推定しなさい.

(解説)

◎ポイント〜密度…$1cm^3$ あたりの質量

$$密度[g/cm^3] = \frac{質量[g]}{体積[cm^3]}$$

公式により,$40/50=0.8(g/cm^3)$.

物質の密度の例を以下に示す.

物質	水	アンモニア	灯油	ガソリン	アルミ	鉄	金
密度[g/cm^3]	1	0.7	約0.8	約0.7	2.7	7.9	19.3

表から,灯油であると推定できる.その他も可.

【練習 132】次の(1)〜(3)の物質は,アルミ,鉄,金のうちどれであるか推定しなさい.

(1) 体積 $40cm^3$,質量 $316g$

(2) 体積 $20cm^3$,質量 $386g$

(3) 体積 $80cm^3$,質量 $216g$

(答え)

(1)鉄　(2)金　(3)アルミ

化学反応式

【例題133】水素と酸素から水ができる化学反応式を書きなさい．

（解説）

◎ポイント～化学反応式

> 左右の原子の個数を合わせる

$$\square\, H_2 + \square\, O_2 \rightarrow \square\, H_2O$$

①はじめにどこかを1と決める．

$$\boxed{1}\, H_2 + \square\, O_2 \rightarrow \square\, H_2O$$

②両辺の H の数をそろえる．

$$\boxed{1}\, H_2 + \square\, O_2 \rightarrow \boxed{1}\, H_2O$$

③両辺の O の数をそろえる．

$$\boxed{1}\, H_2 + \boxed{1/2}\, O_2 \rightarrow \boxed{1}\, H_2O \quad 完成！$$

④左辺第2項の分母を払うため，両辺を2倍する．

$$2H_2 + O_2 \rightarrow 2H_2O$$

【練習133】次の化学反応の化学反応式を書きなさい．

(1) 炭素 ＋ 酸素 → 二酸化炭素

(2) 銅 ＋ 酸素 → 酸化銅

(3) 銀 ＋ 酸素 → 酸化銀

(4) 窒素 ＋ 水素 → アンモニア

(5) ナトリウム ＋ 塩素 → 塩化ナトリウム

(6) 塩素 ＋ 水素 → 塩化水素

（答え）

(1) $C + O_2 \rightarrow CO_2$ (2) $2Cu + O_2 \rightarrow 2CuO$ (3) $4Ag + O_2 \rightarrow 2Ag_2O$

(4) $N_2 + 3H_2 \rightarrow 2NH_3$ (5) $2Na + Cl_2 \rightarrow 2NaCl$ (6) $H_2 + Cl_2 \rightarrow 2HCl$

化学変化と物質の量

【例題134】次の問いに答えなさい.
(1) 4gの水素と32gの酸素が反応し,水ができたとき,できた水の質量をもとめなさい.
(2) 6gの水素と48gの酸素が反応して54gの水ができる.8gの水素は何gの酸素と反応するか.

(解説)

◎ポイント～質量保存の法則と定比例の法則

◆質量保存の法則…化学反応の前後では,系の質量の変化はない.
◆定比例の法則…同じ化合物であれば、その成分元素の重量比は常に一定の値である.

(1) 質量保存の法則より, 4+32=36(g).
(2) 定比例の法則より, 6:48＝8:x, x＝48×8÷6＝64(g).

【練習134】次の問いに答えなさい.
(1) 6gの水素と28gの窒素が反応し,アンモニアができたとき,できたアンモニアの質量をもとめなさい.
(2) 8gの水素と24gの炭素が反応して32gのメタンができる.12gの水素は何gの炭素と反応するか.

(答え)
(1) 34g　　(2) 36g

酸・アルカリ

【例題 135】次の問いに答えなさい．

(1) ①塩化水素と②水酸化ナトリウムの電離式を書きなさい．

(2) 塩酸に BTB 液を加えると何色になるか．

（解説）

◎ポイント～酸とアルカリ

酸性…水溶液中で水素イオン H^+ が生じる性質
アルカリ性…水溶液中で水酸化物イオン OH^- が生じる性質

(1) ① $HCl \rightarrow H^+ + Cl^-$　　② $NaOH \rightarrow Na^+ + OH^-$

(2) 試薬の反応まとめ

	酸性	中性	アルカリ性
リトマス紙	青→赤	変化なし	赤→青
BTB液	黄	緑	青
フェノールフタレイン液	無色	無色	赤

よって，黄色になる．

【練習 135】次の問いに答えなさい．

(1) ①～⑥の物質の電離式を書きなさい．

①塩酸　②硫酸　③硝酸　④水酸化ナトリウム　⑤水酸化カルシウム　⑥アンモニア

(2) 表の空欄をうめなさい．

	酸性	中性	アルカリ性
リトマス紙	青→		赤→
BTB液			
フェノールフタレイン液			

（答え）(1)① $HCl \rightarrow H^+ + Cl^-$　② $H_2SO_4 \rightarrow 2H^+ + SO_4^{2-}$　③ $HNO_3 \rightarrow H^+ + NO_3^-$　④ $NaOH \rightarrow Na^+ + OH^-$　⑤ $Ca(OH)_2 \rightarrow Ca^{2+} + 2OH^-$　⑥ $NH_3 + H_2O \rightarrow NH_4^+ + OH^-$　(2)略．

中和

【例題136】以下の(1)〜(3)の事例は塩酸と水酸化ナトリウム水溶液の中和の様子である．それぞれ完全に中和するか．もし，完全に中和しなければどちらが何 g 残り，水溶液は何性を示すかを答えなさい．ただし，使用する水溶液については，塩酸 $6g$ に対して，水酸化ナトリウム水溶液が $9g$ で完全に中和するものとする．

事例	塩酸	水酸化ナトリウム水溶液
(1)	8g	12g
(2)	7g	15g
(3)	18g	21g

（解説）

◎ポイント〜中和

酸とアルカリが反応して，中性の物質ができること．

塩酸 $1g$ に対して，$1.5g$ の水酸化ナトリウム水溶液が反応する．

水酸化ナトリウム水溶液 $1g$ に対して，$2/3g$ の塩酸が反応する．

(1) 塩酸 $8g$ に対しては，$8×1.5＝12(g)$ の水酸化ナトリウム水溶液が反応する．したがって，この事例では，完全に中和する．

(2) 塩酸 $7g$ に対しては，$7×1.5＝10.5(g)$ の水酸化ナトリウム水溶液が反応する．$15－10.5＝4.5(g)$ の水酸化ナトリウム水溶液が残り，水溶液はアルカリ性を示す．

(3) 水酸化ナトリウム水溶液 $21g$ に対しては，$21×2/3＝14(g)$ の塩酸が反応する．$18－14＝4(g)$ の塩酸が残り，水溶液は酸性を示す．

【練習136】以下の(1)～(3)の事例は塩酸と水酸化ナトリウム水溶液の中和の様子である．それぞれ完全に中和するか．もし，完全に中和しなければどちらが何g残り，水溶液は何性を示すかを答えなさい．ただし，使用する水溶液については，塩酸 4g に対して，水酸化ナトリウム水溶液が 5g で完全に中和するものとする．

事例	塩酸	水酸化ナトリウム水溶液
(1)	6g	7g
(2)	8g	10g
(3)	2g	3g

（答え）

(1) 塩酸が 0.4g 残り，酸性を示す．

(2) 完全に中和する．

(3) 水酸化ナトリウム水溶液が 0.5g 残り，アルカリ性を示す．

原子核

【例題137】$^{13}_{6}C$ の電子数, 陽子数, 中性子数をもとめなさい.

(解説)

◎ポイント〜原子核

◆原子核…原子核は, 陽子と中性子からできており, 陽子は「+1」の電荷を持ち, 中性子は電荷を持たない. 質量はほぼ同じである.

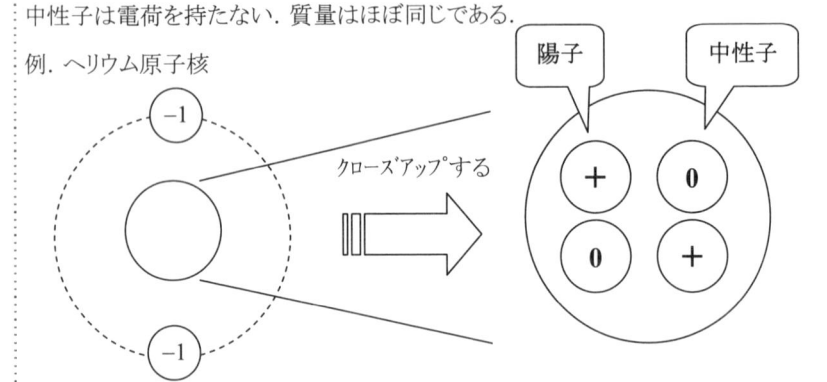

例. ヘリウム原子核

◆各粒子の性質

粒子	電荷	質量数
電子	-1	0
陽子	+1	1
中性子	0	1

※質量について…陽子と中性子の質量はほぼ同じで, 電子の質量よりもはるかに大きい. よって, 原子レベルで考えたときに, 電子の質量はほとんど無視できる.

※原子番号…陽子数. 原子番号でほぼ原子の性質が決まる. 原子番号が同じで質量数が異なる(つまり, 中性子数が異なる)ものを「同位体」と呼ぶ. 原子においては, 「陽子数=電子数」である.

元素記号の左側に質量数と原子番号を書くことがある.

例. ヘリウム原子　$^{4}_{2}He$（質量数/原子番号）

電子数 6, 陽子数 6, 中性子数 13−6=7.

【練習137】次の表の空欄をうめなさい.

原子	電子数	陽子数	中性子数
$^{16}_{8}O$			
$^{17}_{8}O$			
$^{12}_{6}C$			
$^{35}_{17}Cl$ イオン			

(答え)

原子	電子数	陽子数	中性子数
$^{16}_{8}O$	8	8	8
$^{17}_{8}O$	8	8	9
$^{12}_{6}C$	6	6	6
$^{35}_{17}Cl$ イオン	18	17	18

第 8 章　実践問題演習

教員採用①

【実践問題 1】量の単位に関する記述として適切なものは，次の(1)〜(4)のうちのどれか．（東京都教員採用試験改題）

(1) $0.05\,m^3$ の水と $4\,\ell$ の水の体積の和は，$54000\,cm^3$ である．

(2) 1.2 日を時間と分で表すと 28 時間 8 分となる．

(3) $2\,km^2$ の土地と $50\,ha$ の土地の面積の和をもとめると $52\,ha$ となる．

(4) $0.7\,t$ と $50\,kg$ の質量の差をもとめると $20\,kg$ となる．

（解説）

(1) $0.05\,m^3 + 4\,\ell = 50000\,cm^3 + 4000\,cm^3 = 54000\,cm^3$．

(2) 1.2 日 $= 1.2 \times 24 = 28.8$ 時間 $=$ 28 時間 48 分．

(3) $2\,km^2 + 50\,ha = 200\,ha + 50\,ha = 250\,ha$．

(4) $0.7\,t - 50\,kg = 700\,kg - 50\,kg = 650\,kg$．

よって，(1)が適切．

教員採用②

> 【実践問題 2】ある小学校で図書館の利用人数を調べたら，9 月は男女合わせて 320 人であった．10 月は 9 月に比べて男子は 20%減り，女子は 40%増えたので，女子が男子より 140 人多くなった．10 月の男子，女子それぞれの図書館の利用人数をそれぞれもとめなさい．（東京都教員採用試験改題）

（解説）

9 月の男子の利用人数を x 人とすると，女子は $(320-x)$ 人となる．

10 月の利用人数の差を方程式であらわすと，

$1.4(320-x)-0.8x=280$．$2.2x=308$．$\therefore x=140$（9 月男子）．

9 月の女子は，$320-140=180$．

10 月の男子は，$140 \times 0.8 = 112$（人）．

10 月の女子は，$180 \times 1.4 = 252$（人）．

教員採用③

【実践問題3】次の図のような道路がある.遠回りをしないでAからBを通ってCに行くとき,AからCに行く方法は何通りあるか.(東京都教員採用試験改題)

太字の部分を別々に考えて,積を計算する.

$\dfrac{3!}{2!} \times \dfrac{3!}{2!} = 9$ 通り.

教員採用④

【実戦問題 4】次の問いに答えなさい．（東京都教員採用試験改題）

(1) $(2a)^3 \times (a^3)^2$ を計算しなさい．

(2) 不等式 $x^2 - x - 6 \geq 0$ を解きなさい．

（解説）

(1) $8a^3 \times a^6 = 8a^9$．

(2) $(x+2)(x-3) \geq 0$．

グラフにおいて y の値が 0 以上の x の範囲をさがす．

グラフより，

$x \leq -2, 3 \leq x$ ．

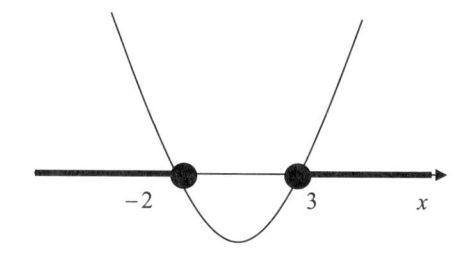

教員採用⑤

【実践演習5】次の表は 5 月 17 日の東京発, ニューヨーク行の直行便の航空時刻表である. この表を見て, 東京～ニューヨーク間の飛行時間をもとめなさい.
（東京都教員採用試験改題）

出発：東京（成田空港）　7/18　20:00

到着：ニューヨーク（JFK 空港）　7/18　20:10

※ニューヨーク時間の基準は, 西経 75 度である.

※ニューヨークはサマータイム期間である.

（解説）

地球が 1 周, つまり 360 度回るのに, 24 時間かかる. 1 時間あたりは, $360 \div 24 = 15$（度）動く. 経度による時差もこれと同じである.

東京（東経 135 度が標準時）とニューヨークの平常時差は, $(135 + 75) \div 15 = 14$（時間）である. ニューヨークでは, サマータイム期間は, 1 時間時計が進んでいるから, 時差は, $14 - 1 = 13$（時間）となる.

したがって, 飛行時間は, 時差がない場合 10 分であるが, 時差の分を加えて, 13 時間 10 分である.

教員採用⑥

【実践演習6】湖を1周するのに，分速160mで走ると，予定していた時間より6分長くかかり，分速180mで走ると予定していた時間より3分短縮される．予定した時間は何分か．（東京都教員採用試験改題）

（解説）

湖1周の距離を $x\,m$ とすると，

分速160mで走ったときにかかる時間は，$x/160$ 分，

分速180mで走ったときにかかる時間は，$x/180$ 分，

その差は，$\dfrac{x}{160} - \dfrac{x}{180} = \dfrac{x}{1440} = 6 + 3.$ $x = 12960\,(m)$ となる．

よって，予定した時間は，$\dfrac{12960}{160} - 6 = 75\,(分)$．

教員採用⑦

【実践演習7】ある容器に濃度5%の食塩水が3kg入っている．「この容器から食塩水300gをくみ出して，新たに水300gを加え，よくかきまぜる．」これを1回の操作として，何度か繰り返す．容器内の食塩水の濃度がはじめて4%以下になるのは，何回目の操作の後か．（大阪府教員採用試験改題）

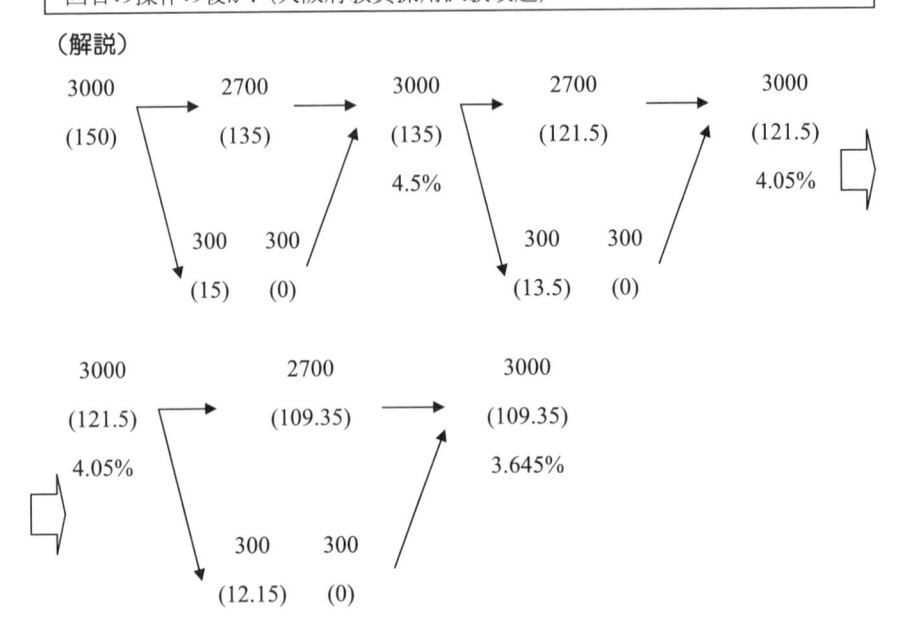

（解説）

3000　→　2700　→　3000　→　2700　→　3000
(150)　　(135)　　(135)　　(121.5)　　(121.5)
　　　　　　　　　4.5%　　　　　　　　4.05%

　　　　300　300　　　　300　300
　　　　(15)　(0)　　　　(13.5)　(0)

3000　→　2700　→　3000
(121.5)　　(109.35)　　(109.35)
4.05%　　　　　　　　3.645%

　　　　300　300
　　　　(12.15)　(0)

よって，3回．

教員採用⑧

【実践演習8】下の図は，母線 OA の長さが 12cm，底面の半径 2cm の直円錐である．また，P は母線 OA の中点である．A を出発点とし円錐の側面を1周して P に至るコースを考えるとき，最短の長さをもとめなさい．（長野県教員採用試験改題）

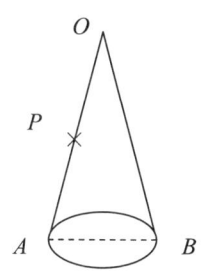

（解説）

展開図で考える．

扇形の中心角は，$\dfrac{半径}{母線} = \dfrac{中心角}{360°}$ の公式より，60度である．

右図の三角形は，$1:2:\sqrt{3}$ の辺の比をもった直角三角形である．

よって，$PA = 6\sqrt{3}$ (cm).

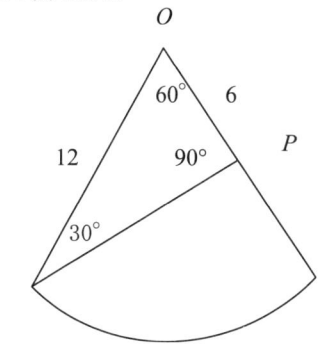

教員採用⑨

【実践演習9】 次のような立方体がある．3つの点 A, B, C を通る平面で切断したときにできる断面の形は何角形になるか．(岩手県教員採用試験改題)

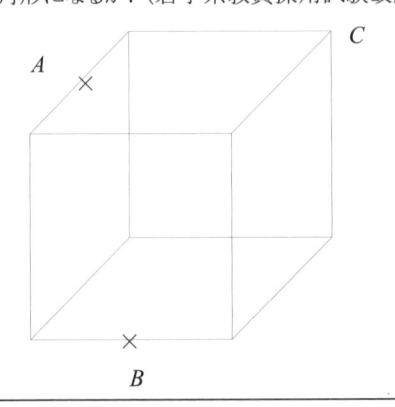

（解説）

対面の切り口は平行となる．

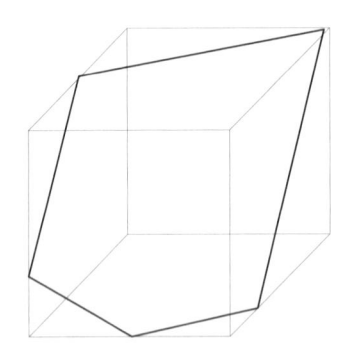

よって，五角形．

教員採用⑩

【実践演習10】図のように，電源に接続された豆電球 A, B, C がある．点灯していた豆電球 A, B, C のうち，豆電球 A のフィラメントが突然切れ，豆電球 A が消灯した．このとき，豆電球 C の明るさはどうなったか．(1)〜(4)から選びなさい．（東京都教員採用試験改題）

(1) 明るくなった

(2) 暗くなった

(3) 同じ明るさのままだった

(4) 消灯した

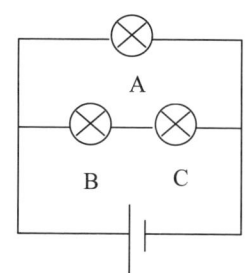

（解説）

並列つなぎの場合，双方にかかる電圧は等しく，それはそれぞれに分割されない．

したがって，A が消えても，B, C の経路には影響がない．

よって，(3)の「同じ明るさのままだった」が正解である．

教員採用⑪

【実践演習11】 次の化学反応式中の( )に適当な係数を入れて化学反応式を完成させなさい.（東京都教員採用試験改題）

$$3Cu + 8HNO_3 \rightarrow (a)Cu(NO_3)_2 + (b)H_2O + (c)NO$$

（解説）

各原子の個数は，左辺と右辺で変わらない．

Cu に注目すると, $(a)=3$ である．

H に注目すると, $(b)=4$ である．

この結果を代入してみる．

$$3Cu + 8HNO_3 \rightarrow 3Cu(NO_3)_2 + 4H_2O + (c)NO$$

N に注目すると, $(c)=2$ である．

O についてチェックをおこない，左辺と右辺が等しいことを確認する．

公務員①

【実践演習12】都内の会社50社について，OA機器の使用状況を調査したところ，パソコンを使用している会社は20社，ワープロを使用している会社は30社，ファックスを使用している会社は17社であった．また，パソコンとワープロの両方を使用している会社は13社，パソコンとファックスの両方を使用している会社は10社，ワープロとファックスの両方を使用している会社は7社あり，これらの中には，3種のOA機器をすべて使用している会社が4社含まれていた．以上のことから判断して正しいのは，(1)〜(5)のうちのどれか．(裁判所採用試験改題)

(1) パソコンとワープロだけを使っている会社は，10社あった．
(2) ワープロとファックスだけを使っている会社は，5社あった．
(3) パソコンだけを使っている会社は，1社もなかった．
(4) ワープロだけを使っている会社は，14社あった．
(5) 調査した3種のOA機器をいずれも使用していない会社は，10社ある．

(解説)

ベン図を書いて考える．

ベン図より，(4)が正解である．

公務員②

【実践演習 13】図のように BC=24, AC=10 の直角三角形の内接円の直径の長さをもとめなさい．（国家Ⅲ種改題）

（解説）

以下の図のように線分の長さをおく．

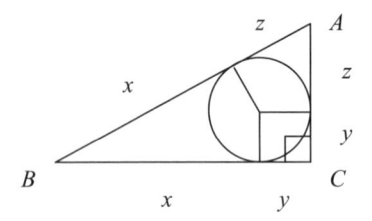

y は半径と等しい．

また，三平方の定理により，$AB = \sqrt{24^2 + 10^2} = 26$．

よって，次の 3 元連立方程式がなりたつ．

$$\begin{cases} x+y = 24 \\ y+z = 10 \\ z+x = 26 \end{cases}$$

これを解いて，$(x, y, z) = (20, 4, 6)$．

したがって，半径は 4，直径は 8 となる．

公務員③

【実践演習 14】A〜D の 4 人の学生が同じ部屋にいる．1 人は読書をし，1 人は絵を描き，1 人は昼寝をし，1 人はトランプ占いをしている．次のことが分かっているとき，確実にいえるのは(1)〜(4)のどれか．(国家III種問題)

・A は読書もしていないし，絵も描いていない．
・B は昼寝もしていないし，読書もしていない．
・C はトランプ占いをしていないし，昼寝もしていない．
・D は昼寝もしていないし，絵も描いていない．
(1) B がトランプ占いをしているとき，C は読書をしている．
(2) B が絵を描いているとき，D はトランプ占いをしている．
(3) C が読書をしているとき，A はトランプ占いをしている．
(4) C が絵を書いているとき，D はトランプ占いをしている．
(5) D が読書をしているとき，B は絵を描いている．

(解説)

一覧表を書いて考える．太字は，条件からすぐわかることをさらに記入したもの．

	読書	絵	昼寝	トランプ
A	×	×	○	×
B	×		×	
C			×	×
D		×	×	

これを埋めていくと，正解は(2)．

SPI①

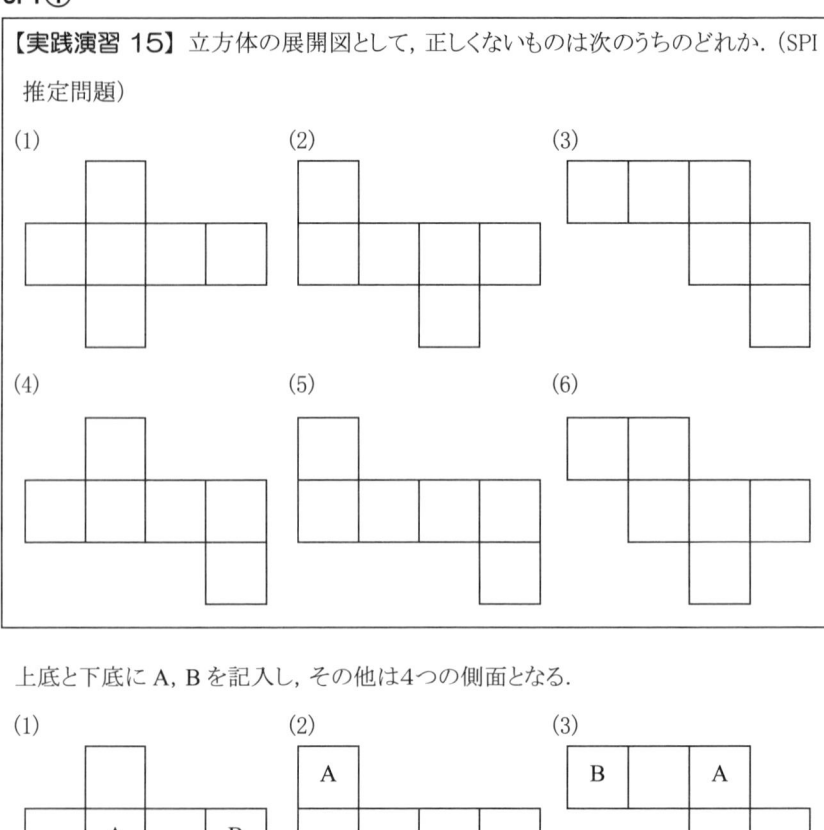

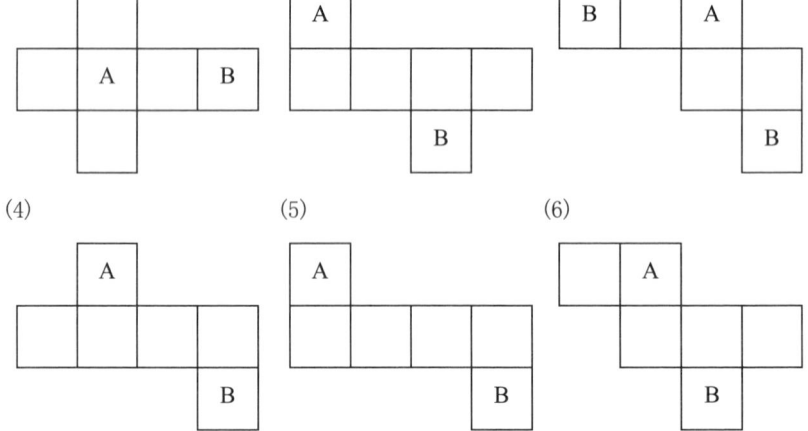

【実践演習 15】立方体の展開図として, 正しくないものは次のうちのどれか.（SPI 推定問題）

(1) (2) (3)
(4) (5) (6)

上底と下底に A, B を記入し, その他は4つの側面となる.

(1) (2) (3)
(4) (5) (6)

(3)が正しくない.

SPI②

【実践演習 16】長さ 100 m の普通電車は,鉄橋を渡り始めてから渡り終わるまで 41 秒かかる.長さ 150 m の快速電車は普通電車の 2 倍の速さで,この鉄橋を渡り始めてから渡り終わるまでに 23 秒かかる.鉄橋の長さは何 m か.(SPI 推定問題)

(解説)

普通列車の速さを秒速 x m, 鉄橋の長さを y m とすると,

$y+100=41x$,

$y+150=23\times 2x$.

これを解いて,

$(x, y)=(10, 310)$.

よって,310 m.

SPI③

【実践演習 17】 A, B, C, D, E, F の 6 人で 100 m 走をおこなった．次のことが分かっているとすると，2 番目にゴールしたのは誰か．（SPI 推定問題）

・E は C より先にゴールした．

・D は最下位ではなかった．

・B は上位 3 人に入れなかった．

・A は C と F のちょうど中間の順位である．

・F は B より後にゴールした．

・C は D より先にゴールした．

（解説）

条件を図示してみた．

```
    ←上位                                    下位→
                    E  ―   C   ―D
                                           D ではない
                           ┊
                           B  ―  F
                           A
```

この図より，F が最下位である．

また，E, C がそれぞれ 1 位，2 位．

整理すると E, C, (B, A, D), F

A が C と F のちょうど中間になるためには，また，B が下位 3 人に入るためには，

E, C, D, A, B, F となる．

よって，2 番目は，C.

あとがき

　本書はこれで終わりです．本書をやり遂げた皆さんは，数学と物理の基本は身についていますので，自信を持って次のステップ，つまり，教員採用試験の過去問などの問題演習をはじめましょう．もちろん，教員志望以外の人は，SPIや就職試験などの過去問や予想問題の演習をはじめましょう．以下に，著者のお勧めする参考書をあげておきます．

　教員採用試験のためには，
　　(1) 教員採用試験オープンセサミシリーズ問題集2　一般教養（人文科学　自然科学）各年度版（七賢出版）
　　(2) 教員採用試験オープンセサミシリーズ問題集4　小学校全科 各年度版（七賢出版）
　　(3) 教員試験「過去問シリーズ」各都道府県・各市町村　教職・一般教養 各年度版（協同出版）

などがあります．

　また，公務員試験のためには，
　　(4) 公務員試験テキスト　10日でわかる！　クイックマスター　自然科学（東京リーガルマインド，2012年）
　　(5) 上・中級公務員試験教養分野別問題集　自然科学（実務教育出版，2007年）
　　(6) 国家公務員・地方上級公務員試験オープンセサミシリーズ過去問精選問題集　出たDATA問4（自然科学基礎編）各年度版（七賢出版）

など，SPIなど就職試験対策としては，
　　(7) 最新最強のSPIクリア問題集 各年度版（成美堂出版）
　　(8) 日経就職シリーズ SPI 2の完璧対策 各年度版（日経HR）

などがあります．

　ここで紹介した参考書以外にも多くの良書があります．特にSPIなど就職対策の参考書は，ここに紹介したものはごく一部ですので本屋さんや図書館で実際に手にとってみて，自分に合ったものを選ぶことをおすすめします．

　それでは，勉強をがんばりましょう．健闘を祈ります！

平成24年8月30日

樋　口　勝　一

《著者紹介》

樋 口 勝 一（ひぐち　かついち）

略　　歴
1970年　兵庫県生まれ
大阪大学工学部原子力工学科卒業・同大学院修士修了（原子炉工学）
京都大学数理解析研究所研究生（場の量子論）
京都大学大学院原子核工学専攻修士修了・博士認定指導退学（素粒子論）
神戸海星女子学院大学専任講師・准教授・教授，追手門学院大学教授を経て，2019年度より，甲子園大学教授

専門分野
素粒子論［京都大学博士（原子核工学）］

活　　動
リメディアル教育，大学教育，資格取得・公務員・教員採用・SPI指導

取得資格
介護福祉士，宅建，管理業務主任，測量士補，AFP，日商簿記2・3級，キャリアコンサルタント，環境 ISO 審査員補　など　30種以上

これならわかる!!
大学生のための数学・理科基礎計算ドリル

2012年10月30日　初版第1刷発行	＊定価はカバーに表示してあります
2020年 3月25日　初版第4刷発行	

著者の了解により検印省略

著　者　樋　口　勝　一　©
発行者　植　田　　実
印刷者　田　中　雅　博

発行所　株式会社　晃　洋　書　房
〒615-0026　京都市右京区西院北矢掛町7番地
電　話　075(312)0788番（代）
振替口座　01040-6-32280

ISBN978-4-7710-2392-5　印刷・製本　創栄図書印刷㈱

JCOPY　〈(社)出版者著作権管理機構　委託出版物〉
本書の無断複写は著作権法上での例外を除き禁じられています．複写される場合は，そのつど事前に，(社)出版者著作権管理機構（電話 03-5244-5088, FAX 03-5244-5089, e-mail:info@jcopy.or.jp）の許諾を得てください．